自治体議会政策学会叢書

地域自立の産業政策

―地方発ベンチャー・カムイの挑戦―

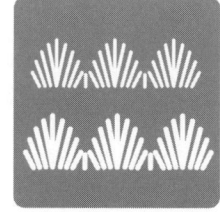

小磯 修二 著
(釧路公立大学教授・
地域経済研究センター長)

イマジン出版

目　　次

プロローグ ………………………………………………………………… 5

第Ⅰ章　カムイの挑戦 ………………………………………………… 14
　1．標茶町の人たちとの出会い ……………………………………… 14
　2．地域ゼロエミッション …………………………………………… 19
　3．研究会活動の本格的展開 ………………………………………… 24
　4．カムイの誕生 ……………………………………………………… 33
　5．『カムイウッド』の特徴 ………………………………………… 37
　6．資金調達の苦労 …………………………………………………… 42
　7．地方自治体等行政の役割 ………………………………………… 49
　8．環境生態系を守る―水質浄化事業・藻場再生に向けて― … 55
　9．ペットボトルキャップの活用 …………………………………… 61
　10．木質複合材市場の変化 …………………………………………… 66
　11．リサイクル推進、環境認証等の動き …………………………… 69
　12．環境市場の変化、環境ビジネスの可能性 ……………………… 73
　13．カムイの経営課題と今後の可能性 ……………………………… 78

第Ⅱ章　地域自立の産業政策―循環、信頼、連携による地域創造― … 82
　1．地域経済をめぐる環境変化と地域政策の転換 ………………… 82
　2．地域を見つめる力、地域経済と域内循環 ……………………… 89
　3．「産消協働」―生産者と消費者の信頼関係の再構築― …… 95
　4．生産と消費の接近から生まれる価値―産消協働の事例― …101
　5．お金の地域循環 ……………………………………………………108

おわりに ……………………………………………………………………115

プロローグ

　本書で紹介するのは、大都市との経済格差が広がっていく地方において、必死で自力での産業創出、雇用創出に向けて挑戦しているベンチャー企業の物語です。名前はカムイ・エンジニアリング株式会社（以下、カムイ）。北海道の東部、釧路湿原を抱える人口9千人に満たない小さな町で、2003年に5億円の初期投資で工場建設を行い、現在は地元の若者を20人雇用し、1億円を上回る売り上げの環境再生ビジネスを展開しています。しかし、ここで紹介するのはかっこいい新規ベンチャー企業のサクセスストーリーではありません。それどころか、この取り組みはさまざまな壁にぶつかりながらの戦いの連続であり、その厳しい状況は現在も続いています。

　私は会社立ち上げに向けての最初の準備段階から一緒になってお手伝いをし、一貫してその活動を見つめてきましたが、その経営は常に苦難の連続でした。しかし、そこから得られた多くの経験、苦労の中には、これから地域が自立して自前の産業創出、雇用創出に向けて取り組んでいくときに立ち向かわなければいけない多くの課題や、それらを克服し、解決していくために必要な知恵や鍵が潜んでいるように感じています。それを伝えておきたいという思いが本書発刊の契機でもあります。

　小泉政権による構造改革政策によって都市と地方の経済格差が広がってきました。それを改革のひずみとして認識し、格差の是正に努める動きも出てきていますが、明確な処方箋が示されているわけではありません。一部

には公共投資の削減を止めるべきという主張も出てきていますが、それはカンフル剤的な効果はあっても構造的な地域経済の体質強化に結び付くものではないでしょう。旧来型の財政運営に戻せば、今まで痛みを伴いながら進めてきた健全な改革までもが破綻し、結果としてますます格差を広げていくことにもなりかねません。これから大切なことは、地方の安定的な発展を支える民間の力、産業力をしっかり育てていく知恵と政策を自前でつくり上げていくことではないでしょうか。そのために必要な施策であれば国の支援を求めていく、必要な権限であれば分権を主張していくという姿勢が大事だと思います。

　もちろん、地域が自力で産業を創出していくというのは並大抵のことでありません。地方において自力で産業創出に取り組み、挑戦しているカムイの取り組みに携わって感じていることは、現在の国の産業政策にかかわる施策、手法が予想以上に地方での現実の課題解決にかみ合っていないということです。幾つか事例を示しますと、例えば、ベンチャー企業支援の産学連携政策については、わが国の政策スキームは基本的には高度な先端技術を有する大学を前提にしたものとなっています。高度な技術を有する大学を抱える都市地域では産業創出が実現できても、本当に経済が疲弊し経済活性化を求める地域において援用できない政策手法であっては、地域産業政策としては脆弱なものです。これからは幅広い形で大学が地域の産業創出にかかわり、柔軟な形で連携できる産学連携政策の仕組みが必要でしょう。また、金融政策についても、地方で活動をしていると、どこまで地方への配慮がなされているのか疑問に感じることがよくあります。カムイの経験では、十分な担保もない新規起業への資金

融資環境が現実には大変厳しいことを痛感しました。その背景には、地方においては地域内での預託に対する投資の割合が大変低くなっている、すなわち地域の中でお金が回っていないという状況があります。金融機関などからは地方には資金需要がないからという理由で説明されていますが、現実にはバブル経済破綻後の不良債権処理による自己資本の充実安定化を基調にした金融政策が地方の末端の金融機関にまで浸透していることによる要因が強いように思います。全国画一的な金融政策では地域密着型の息の長い金融支援が難しい状況があります。地域の金融というのは地元の中小企業との息の長い信頼関係が基盤になっており、不良債権化を恐れるために一律の基準を当てはめることで地域企業者の意欲や挑戦の芽を摘み取っている側面も見受けられます。地方の金融機関に対しては、本当に地方の実態に見合った機動的な金融支援展開ができるようなきめの細かい金融政策が必要です。思い切って金融政策の分権を進めていくことも、これから地域の産業創出、発展を目指していく上では重要なテーマではないでしょうか。

　さらに、雇用政策も地方では十分機能していない状況があります。これからの地域の産業政策で大切なテーマは、地域産業を担う人材、雇用者の育成です。地域企業の求める人材を地域で育て、訓練し、きめの細かいマッチングにより雇用機会を増やしていくことで、安定的な産業、雇用環境をつくり上げていくことができるのです。これからの重要な産業政策のテーマは、求職と求人のマッチングを地域の実態に合わせて柔軟に行うことだと思います。しかし、現実には雇用政策は地方の末端まで国が直接所管する仕組みで行われており、地方自治体がほとんど関与できない状況があります。果たしてこのよう

な雇用政策スキームで、地方が自力で雇用創出を進めていくことができるのでしょうか。

　具体的な事例を幾つか挙げましたが、このようにカムイの経験からは国の政策システムをそのまま地方に当てはめていくことの限界を感じるとともに、あらためて地方分権の切実な必要性を痛感しています。

　ここで大切なことは地方分権については多くの人たちが叫んでいますが、単に理念を訴えるだけでは分権の実現は難しいということです。地方分権をテコにしてどのように地域の活性化を目指すのか、また、どのように産業創出、雇用創出を図って安定した地域を再生していくのかが地方の側から明確に主張されなければ分権議論の前進もないと思います。そのためには、それぞれの地域が実践的な経験から自立のための政策のあり方を考えていかなければなりません。

　国や自治体の財政環境の悪化から、地方交付税、公共投資はじめ地方への政策支援は削減を続けてきており、地域経済への影響は次第に大きくなり、構造的にも弱くなりつつあります。地域にとっての最も大切な政策課題は、生まれ育った地域で安心した生活を営み続けるため、あるいは必死で生き抜いていくための働く場を維持し、創出していくことです。このことは、地域の産業を維持し、創出することでもあります。それが難しい状況にあれば、地域は確実に衰退します。今までは、地域が困れば国が何とかしてくれるという状況がありました。しかし、21世紀に入って構造改革政策の下でさまざまな地域産業支援政策が終焉を迎えつつあります。「地方のことは地方で」という国による地域政策の後退が、地方分権が十分進められない中途半端な状況で進んできているのです。その結果、厳しい政府財政環境の下で地方自治体

はこれから国に頼ることなく産業創出、雇用創出を進めていかなければならない、自前の産業政策に真剣に立ち向かわなければならない時代になったのです。そのための知恵とノウハウが地域にあるでしょうか。また、地方自治体にその政策経験が積まれてきているでしょうか。特に、基礎的な自治体である市町村においては、主に住民の生活と密着した行政が進められてきましたから、産業、雇用面については、一部の企業誘致政策や地場産業技術の支援方策などを除けば本格的な政策展開はなかったといってもいいと思います。今、自治体があらためて産業政策に正面から向かい合うことが求められる時代になってきたといえるでしょう。

　私は大学で研究活動に入る前は、旧北海道開発庁や旧国土庁（現在の国土交通省）で、主に北海道総合開発計画、国土総合開発計画の策定や推進、その他の地域計画など、地域開発全般にかかわる政策業務に長く携わってきました。そして、1999年6月に釧路公立大学に新しく設立された地域経済研究センターに転進し、地域経済、地域政策などの分野で、地域の課題に応えていける実践的な研究活動を行ってきています。そこには、国の立場を離れて地域の目線から地域政策のあり方を考え直してみたいという強い思いもありました。もちろん地域の課題に実践的に役立つ研究とは、そう簡単にできるものではありません。しかし、社会科学とは常に社会に役立つ科学でなければならないということを心がけ、できる限り地域の発展につながる研究活動を進めています。一人でできることは限られていますので、研究活動は課題テーマごとに共同研究プロジェクトを立ち上げて、なるべく多くの専門家を集めて機動的に展開できるように考えています。これまで約8年間で20を超える共同研究プロ

ジェクトを立ち上げ、観光産業の分野や交通政策、地方制度研究、商店街活性化、NPO研究など、地域政策の幅広い分野でささやかですが研究成果を発信してきました。しかしながらカムイのようなベンチャー企業の立ち上げのお手伝い、産学連携の活動にかかわるとは当初は思ってもいませんでした。私にとっては想定外の活動だったのです。しかし、政策研究の活動を進め、さまざまな現場で地域の課題に直接向き合っていくうちに、今地方において最も大切なことは、自分たちの地域で雇用機会をつくり上げ、それを支える地域産業を創出していくことであると痛感するようになったのです。そのための政策手法、経験を積み上げていくことがこれからの地方には大切で、さらに実践していかなければ本当の政策のあり方が分からないという気持ちになっていきました。それが、私にとって初めての世界であるベンチャー企業経営にかかわっていった背景です。したがって、私にとってカムイの経験はこれからの地域政策、産業政策を考える私自身の勉強の場でもありました。その思いが本書執筆にもつながっているように思います。

　私の専門は地域開発政策です。ここでの「開発（Development）」という言葉は、発展、振興、活性化という意味を含む、幅広い経済的、社会的な進化を指します。特に、近年は地球環境問題等もあり、これからの地域政策では「持続的な（Sustainable）開発」のあり方が重要なテーマになっています。私の関心は市場の中心から遠く離れた地方部が活性化していくための政策研究です。市場経済原理の中で、空間的にハンディのある地域をどのように発展させ、活性化していくのか。そのための政策のあり方はどうあるべきか。これが私の主要テーマです。

人間に例えると、心身に障害のある人など、ハンディのある人たちに対しては、政府の責任として福祉政策が展開されています。安定的な福祉政策は国民が望んでいることであり、また、健全な国家形成に向けても不可欠な政策です。それを空間に置き換えるとどうでしょうか。市場原理、競争原理の下で距離のハンディがある、集積力が弱いハンディがある地域に対して、一定の政策支援を進めていくことは、健全で豊かな国家をつくり上げていく上で必要な政策です。

　ヨーロッパ諸国、EUでは国家内、EU内の均衡ある地域発展を目指していくために、近時になって地域開発政策がかなり重点的に進められてきています。それはハンディのある地域を支援することで国全体、EU全体の力を強固なものにしていこうという狙いがあります。米国や台頭する中国などに対する国家戦略、EU戦略がその背景にはあるのです。

　わが国の場合はどうでしょうか。戦後しばらくは国土の均衡ある発展を目指して、社会基盤整備を中心に地方に対しては比較的手厚い施策が展開されてきました。その後、地方に対しては景気が悪くなると公共投資を追加配分するというような小手先の政策が続きました。小泉構造改革以降は、財政の引き締めに伴い、「地方のことは地方で」という考え方が支配的になって、地方への配慮政策は影を潜めました。その後の政権になって、再び地方に光を当てるという方向も出てきたようですが、明確な指針は見えていません。いずれにしてもブレが大きいのがわが国の地域開発政策の特徴です。これからは地方の立場から、政策の具体的なあり方についてしっかりと主張していくことが大切です。困ったから助けてくれという声では質の高い政策は生まれないと思います。

プロローグ

私は中央アジア地域で市場経済化を目指す国々や地域の開発政策について経済協力面での支援活動を長く続けてきています。例えば、ウズベキスタンという国は、隣接する国々もすべて海に接していないという内陸の国です。そこでは大量物資の輸送拠点である港までの距離は気が遠くなるほど遠いのです。そのような距離のハンディを負った地域や国が世界市場で先進国と勝負して勝ち抜いていくのは至難の技です。先進国の支援により経済協力という形で支援政策が進められていますが、自力で経済発展を目指していくための政策のあり方、進め方のノウハウを支援していくのは大変難しいことです。必死で産業を育てるよりも、ODA資金を如何に引き出すかが最大の関心事だからです。そのような雰囲気の中で、自力での産業創出、雇用創出の大切さを理論的に解説しても机上の空論で、納得させることは大変難しいのです。
　ところが、ある時中央アジアの行政幹部が地域経済研究センターを訪れる機会があり、そこでカムイの取り組みを説明し、実際の工場や製造工程を視察してもらう時間を作りました。カムイの取り組みを実際に見たことは彼らに大きな刺激を与えました。それまでにない変化、驚きが彼らの表情に表れたのです。講義や会議でいくら政策についての制度や理論を説明しても見られなかった新鮮な反応が、実際に地方で苦労しながら産業を育ててきている姿を眼にすることによって伝わったのです。「やる気と、それを支える地域の連携があれば自力で産業をつくり上げることができるのだ。それを支援し、育てていくための産業政策が重要だ」という言葉が彼らの口から出てきた時には、実践することの大切さをあらためて感じたものです。
　このような経験から、本書ではまずカムイの取り組み

を理解していただくために、第Ⅰ章でその誕生の背景から設立、事業内容、経営に至るまで、経過を追って詳しく紹介しています。その中では地域が主体的に産業政策のあり方を考えていくために大切だと思われる課題提起もしています。また、第Ⅱ章では、カムイの経験を踏まえながら、これからの自治体による産業政策を考えていく上で重要だと思われるマクロな地域経済のとらえ方について、特に地域循環という視点で私の考え方を示しています。これから地域の皆さんが主体的・創造的に産業創出や雇用創出を目指して取り組んでいかれる上で、本書がその一助になることを願っております。

　本書は2007年5月に札幌で開催された自治体議会政策学会の研修会で講演させていただいたことが契機で、発刊の運びとなりました。機会を与えていただいた自治体議会政策学会及びイマジン出版の関係の皆様には心よりお礼を申し上げます。また、大越武彦社長はじめ、カムイ・エンジニアリング㈱の仲間にも厚くお礼を申し上げます。最後に、私の長年の研究パートナーである関口麻奈美さんには原稿の整理、編集すべてについて協力をいただき、心より感謝申し上げます。

第Ⅰ章　カムイの挑戦

 標茶町の人たちとの出会い

　カムイは、2002年4月に、北海道東部、釧路市に隣接する標茶町で誕生した産学連携によるベンチャー企業です。地域内で排出された廃棄物を資源として活用した木質複合材製造のほか、植物による水質浄化事業、藻場の再生事業など、地域の環境、生態系を守る環境再生、環境循環にかかわる事業に取り組んできています。

　カムイは、大学発ベンチャー、地方発ベンチャー、環境再生ベンチャーという3つのベンチャー企業の特徴、性格を持っています。カムイの立ち上げに当たっては、その準備のために2年間にわたって釧路公立大学地域経済研究センター（以下、地域経済研究センター）が研究会活動等を主導し、起業後も私が出資者、取締役（非常勤）として参画しています。通常の大学発ベンチャー企業が大学の有する高度な技術を提供する形での関与であるのに対し、カムイの場合は社会科学系の大学研究機関がコーディネート役として関与しています。具体的には、研究会を主導したり、外部人材や技術のネットワーク化や、公共市場への展開を支援していくなど幅広い形で柔軟に連携しています。また、多くのベンチャー企業が大都市地域で生まれているのに対し、カムイは地方部で立ち上がったベンチャーとしての特徴があります。田舎の

ベンチャーとも呼ばれるように、高い収益を上げて上場を目指すことよりも、あくまで新規産業を創出して地域の発展を目指すことを目的としています。もちろん安定した収益を目指すことは大きな目標ですが、それだけでなく地域の環境、産業、雇用を守るということにもこだわっているベンチャー企業です。さらにカムイは地域内の廃棄物を新たな産業資源として活用した環境再生に向けての環境循環ビジネスを展開しています。そこでは「地域ゼロエミッション」という理念で地域の環境、生態系を守っていく活動も合わせて行っています。

　カムイ誕生のきっかけは、2000年1月に標茶町の異業種交流、まちづくりの担い手であった人たちが地域経済研究センターを訪ねてきたことに始まります。

　標茶町は人口約9千人、面積約1,100km^2、人口の約4倍の乳牛を飼育している酪農地帯です。町内には東洋一のパイロット・フォレストといわれる1万haのカラマツ

釧路川をはさんで形成された標茶町市街部。左手奥の道路沿いにカムイの本社、工場がある

造林地があります。また、1980年にラムサール条約に登録された釧路湿原の44.6％が同町内に位置しています。釧路湿原は1987年には国立公園にも指定され、稀少な種を含め、2千種以上の動植物が生息する豊かな自然環境を有しています。国内最大の湿原である釧路湿原の北に位置するコッタロ湿原最大の湖・塘路湖ではカヌーが楽しめ、広大な酪農地帯を肌で実感できる多和平では展望台から360度のパノラマの風景が眺められるほか、釣り、温泉、写真撮影など、多く観光客が訪れており、近年は特に環境への意識の高まりとともに豊かな自然環境が地域の貴重な資源となっています。

　最初に地域経済研究センターを訪問したのは、標茶町で砂利採取業、運送業を経営している大越武彦さん（現カムイ社長）と標茶町の職員でした。大越さんは、長く地元の仲間と一緒にイベントを中心としたまちづくり活動を行ってきており、その人たちと一緒に何とか地域の活性化を図っていきたいという思いを持っていました。標茶町は酪農が盛んといっても、地域の最大産業はやはり公共事業に依存している建設業です。まちづくり活動を担ってきた人たちの多くはまさにその公共事業に支えられている建設関連の産業にかかわる人たちでした。彼らの大きな不安は、政府の公共投資に支えられている産業に対する先行きでした。特に、大越さんには以前から「環境を守りながら、地域の課題を解決する産業に結び付けていくことができないだろうか」という漠然とした思いがありました。釧路湿原という素晴らしい環境資源を生かして、環境再生を目指した産業を自分たちの力で創出できないかと考えていたのです。

　当時、ベンチャーの起業は1つの潮流でした。特に、2000年以降は、情報技術の進展や規制緩和など社会環境

の変化もあり、ベンチャーという言葉が新聞紙上をにぎわせていました。さらに国の産業政策としても産学官連携や大学発ベンチャーを積極的に推進する流れがありました。そんな時、地元の大学に新しい地域研究機関として地域経済研究センターができたことが、彼らを動かすきっかけになったのかもしれません。また、当時は国の厳しい財政事情が表面化し、省庁再編など国の体制が大きな変化を遂げている時代でした。北海道では北海道拓殖銀行の破綻、北海道東北開発公庫の日本政策投資銀行への統合など、将来への不安材料があまりにも多すぎました。特に、北海道開発庁が国土交通省に統合されることになり、公共事業の削減が避けられない情勢にあることは、地域の人たちも漠然とした不安を感じていたと思います。

　大越さんからの相談は、産学連携でベンチャー企業を立ち上げることができないだろうかということでした。ただ、具体的な事業プランがあるわけではなく、相談の趣旨は、先行きの見えない地域経済の中で、地域の環境を守りながら、また環境問題を解決しながら、新しい産業創出、雇用創造に結び付けていくことができないだろうか、何とかそれを新たな起業の形で進めていけないだろうかというイメージレベルの話でした。2000年当初というのは、私が大学に赴任した直後で、地域経済研究センターが立ち上がって間もない時期でした。しかも私は政策研究に重点を置いた活動をしていく予定でしたので、ベンチャー企業の支援という経営活動にどこまで地域経済研究センターがかかわっていけるのかについては、正直不安もありました。しかし、大越さんの足元の地域を大切に志向する気持ちと、地元の美しい自然環境を守りながら産業創出を図っていきたいという「思想」

に近いものに深く共鳴するとともに、その真摯な姿勢が強く印象に残りました。私は、当時の産学連携という潮流に乗って目先のビジネスチャンスを追いかける風潮に対して少し疑問を感じていたこともあり、足元の地域をきちんと見据え、長い視野で夢を形にしていきたいという大越さんの姿勢に、地域経済研究センターを設立した自分の理念をも重ね合わせて、積極的に彼らの取り組みを支援していくことを決めたのです。最初に確認したことは、地道な勉強から始めることでした。すぐに会社を立ち上げるのではなく、お互いの問題意識を時間をかけて確認しながら、具体的な事業の形を練り上げていこうという思いからでした。

地域ゼロエミッション

　釧路湿原は国内の湿原の約6割の面積を占める日本最大の湿原です。また、釧路川に沿って展開する壮大な湿原でもあり、他の地域では喪失してしまった原自然が保存され、蛇行する河川等が織り成す自然性の高い広大な水平的景観は、わが国では類例のない特異な空間です。また、そこには特別天然記念物タンチョウをはじめとする各種鳥類のほかキタサンショウウオ、エゾカオジロトンボ等貴重な動物が生息しており、湿原の主要部は、早くからラムサール条約の登録湿地とされ、国際的にも高く評価されているところです。

雄大な自然が残る釧路湿原

これらの貴重な地域環境資源をしっかりと守っていくことを基本に、われわれはまず地域の環境問題を勉強することから始めました。2000年8月に地域経済研究センター内に自主的な研究会「産業廃棄物のリサイクル研究会」（以下、リサイクル研究会）を発足させます。この研究会は、大越さんをはじめ地域のまちづくりの仲間、標茶町職員、農協等関係機関のスタッフに加え、学校の先生なども参加して、地域の学びの場というオープンな雰囲気で進みました。私はコーディネーター役として参加、企画振興や農林、建築などの行政職員も参加して、ワーキングスタイルの勉強会で進めていくことにしました。開催場所は大学や地元高校の教室など、機動的に活動を展開していきました。外部講師を呼んでの講演会や行政の考え方や地域の課題についても相互に情報を持ち寄って自主的に意見交換し、そこから地域の実態、課題を把握して、次の方向を探っていこうというものでした。

　その中から標茶町には環境問題として3つの大きな課題があることが浮かび上がってきました。

　1つはカラマツの間伐材処理の問題です。標茶町には東洋一といわれる広大なパイロット・フォレスト、1956年から造成されたカラマツ造成林があります。カラマツが良質な木に成長するには間伐が必要ですが、林業の経営環境が厳しくなる中で、この処理が円滑に行われず、木材の廃棄物、いわゆる廃木材として大きな問題になっていたのです。

　2つ目は、標茶町の基幹産業である酪農の生産活動から排出される家畜糞尿と廃プラスチック問題です。日本有数の酪農地帯である標茶町には、人口の4倍を超える乳牛が飼育されています。それら糞尿の処理は大きな問題です。しっかり土地に還元できるシステムが成立して

標茶町のカラマツ造成林（左）と牧草ロール（右）

いればいいのですが、河川への流出などがあれば自然環境への影響が懸念されます。また、酪農地帯では牧草をプラスチックロールに入れて、牛の飼料用に発酵させていますが、このプラスチックは農業廃棄物であり、その処理に困っているのです。そのまま燃やせばダイオキシンを発生するため、高度な処理が必要で、300km以上も離れた苫小牧まで運んで処理をしなければなりません。標茶町内では年間200tを超えるともいわれる農業廃棄物のプラスチックがあり、その運送費だけでも農家の大きな負担になっていました。

　3つ目は、一般及び産業廃棄物の処理問題です。標茶町では、1992年から分別収集を行っていますが、産業廃棄物の搬入については、1999年で停止され、町民や事業者の負担が強いられていました。これ以外にもペットボトルの問題があります。ペットボトルは、リサイクル処理されていると思うでしょうが、ペットボトルのキャップは、地域によって燃えるごみの場合と燃えないごみの場合があり、調べてみると実は全くリサイクルされていなかったのです。

　これら多くの環境課題を解決するために、どのような方法があるのか、さらにそこに産業創出の機会をどのよ

うに見出すのか、さまざまな議論を重ねて浮かび上がったコンセプトが「地域ゼロエミッション」という考え方でした。「ゼロエミッション」という概念は広く知られていますが、その考え方は、単に廃棄物を出さないことにとどまらず、廃棄物を資源にした産業創出を目指すというものです。もともと国連大学で提唱されたゼロエミッションの意味は「固体、液体、気体すべての有害廃棄物をゼロ」にすることで、その具体的な手法としては「産業は資源を効率よく使用して全量使い切ることを目指す」「その結果どうしても廃棄物として出さざるを得ないものは、他の産業で原料として使用することを考える」とされています。ゼロエミッションには廃棄物ゼロやリサイクルといった結果や方法だけでなく「異なる産業の間におけるリサイクルシステムの構築」ということが重要な視点なのです。われわれは、この考え方を地域という空間の中に当てはめて、可能な限り地域内で完結させてみようと考え、地域ゼロエミッションというコンセプトを打ち出したのです。地域で廃棄物となったものを、地域内での新たな産業の原料として付加価値を付け、市場原理の中で廃棄物を減らすことができるとすれば、それは住民や行政に多くのメリットをもたらします。ごみ処理費用の低減はもとより、新事業や雇用機会の創出、経済振興につながっていくことにもなるわけです。これまでの環境問題は、どちらかというと環境を保全・保護することに主眼が置かれていました。しかし、単なる保全や保護では、地域の活性化は生まれません。その一方で、安易な開発は地域の貴重な自然資源を破壊してしまう可能性もあります。自然環境を保全しながら、地域が持続的に発展していくことができ、バランスを保ちながら自然保護と地域の発展を図っていくことが大切です。

「地域ゼロエミッション」はそのような考え方の中から生まれきたコンセプトといえます。環境にかかわる取り組みにおいて忘れてならない視点は、自然生態系というある程度限定された地域空間の枠組みで環境問題の解決システムを構築していくことだと思います。あまりにも最近の環境問題の議論はグローバルな視野に傾きがちで、その意味においては、地域ゼロエミッションの理念こそ、本来のゼロエミッションを具現化していく重要なコンセプトではないかという思いもありました。

　いずれにしても、美しい自然を有する標茶町を舞台に地域ゼロエミッションというコンセプトで、標茶町の課題を解決しながら、今後の具体的な展開を検討していこうという共通の意識を醸成することができたのです。その後のカムイの展開においても、このようなきちんとした企業理念を掲げていったことは大事なことであると感じています。企業経営にとって最も重要なことは、理念・哲学をしっかり共有することだと思います。それをトップだけでなく、社員を含めた全員が実践していくことで、社会的に信頼される企業に成長し、それが市場において評価されていくのです。その意味で、最初の研究会活動の勉強、意見交換の中から目指す方向として、「地域ゼロエミッション」の理念を確認できたことの意義は大きかったと思います。

 **研究会活動の本格的展開**

　1年目のリサイクル研究会では「地域ゼロエミッション」というコンセプトを打ち出しましたが、研究会2年目となった2001年は、地域完結型のゼロエミッションの具体的な展開を目指して、実際の企業化に向けた実証実験や実地調査・研究活動を行うこととし、新たに「しべちゃゼロエミッション研究会」（以下、ゼロエミ研究会）として生まれ変わることになりました。この研究会は、研究会の活動をより公的な責任あるものに進展させ、さらに一定の活動資金を確保するため、北海道経済産業局が募集していた、全国中小企業団体中央会が補助を行う2001年度新規成長産業連携支援事業（コーディネート活動支援事業）に応募することとし、何とか採択されました（補助金交付分2,730千円）。応募の過程では、事業趣旨を文章化していくという慣れない作業を研究会メンバーが分担しましたが、その過程で次第に自分たちの目指すものが何であるのかを確認、共有していくことができたと思います。また、コーディネート支援事業に採択されたことは、研究会活動に対する一定の義務と責任を生み出すことにもなりました。活動の成果を強く意識することになったきっかけであったと思います。

　ゼロエミ研究会は、当初のリサイクル研究会のメンバーを中心に10人の会員で組織され、カラマツ間伐材の有効活用に向けた研究と、家畜糞尿と生ごみの適正処理による堆肥づくりに向けた研究の2つの活動を柱にしました。私は、前年同様コーディネーターとして参加し、また、役場の職員もオブザーバーとして参加、側面から支

援していくことになりました。

　研究会では、実証実験や実地調査のほか、講演会による勉強会を幅広く進めていきました。家畜糞尿処理については実証実験を標茶高校の協力を得ながら実施しました。まずは、何とか低価格での処理ができないかということで、バイオ菌を活用した独自の技術を持つ兵庫県神戸市の㈲バイオグリーン代表取締役の菜切秀和さんを招いて、講演と公開実験を行いました。実験は、地元の標茶高校の牛舎を借りて行いましたが、先生や生徒たちも全面的に手伝ってくれました。その後、実験報告会も開催しましたが、生徒たちの関心の高さには驚きました。

　2年目のゼロエミ研究会では実地調査に重きを置きました。一般に漠然とした問題意識しかなければ、いくら素晴らしい事例を目の当たりにしても得るものは少ないと思います。しかし、しっかりした問題意識があれば、吸収できるものは数多くあるに違いないと、先進事例を学ぶために、地域ゼロエミッションのコンセプトを携えて、全国のさまざまな地域や取り組みの視察を行いました。まず、家畜糞尿や生ごみなどを個別完結型で処理している栃木県高根沢町土作りセンターを訪問。ここでは、家畜糞尿と生ごみ、水分調整剤の籾殻を混ぜ合わせた有機質肥料を製造して農地に還元し、有機農業の確立と循環型農業を目指した実践的な取り組みが行われていました。家畜糞尿や生ごみの堆肥化は非常に有効な方法ですが、地域性や自然環境などの違いがあり、同じシステムでの展開は難しいと思われましたが、循環型農業確立の重要性を学ぶことができました。

　また、業界でいち早くゼロエミッションの概念を取り入れ、全社的に取り組んでいる㈱荏原製作所のエンジニアリング事業部の「エバラゼロエミッションビレッジ」

も訪問しました。ここでは、世界のデータをもとに説得力ある話が聞け、産業活動の概念としてゼロエミッションが重要であることやごみゼロ社会が夢ではないことを実感しました。同社への訪問は、研究会メンバーが特にコネクションもなくアポイントを入れたのですが、研究会の趣旨を深く理解していただき、大変丁寧な対応をしていただきました。このことは研究会メンバーにとって、「熱意があれば、どんな大きな企業でもその思いは伝わる」という大きな自信になったようでした。

このほか、「いのちを守る農場」として無農薬有機農業の実践と自然エネルギーの活用に1971年から取り組んでいる埼玉県小川町の専業農家を訪ね、「小川町自然エネルギー研究会」の取り組みについても話を聞きました。ここではバイオガス、太陽光発電、廃食油燃料、木質バイオマス（木炭）などを視察しましたが、大規模化、根釧原野の冬季の気象条件など、技術研究の必要性を実感しました。

また、地元の標茶町役場を会場に木質バイオマス講演会も開催しました。「北海道における木質バイオマスエ

ゼロエミッションに取り組む企業の訪問調査をした研究会メンバー

ネルギー利用とは」と題し、木質バイオマス研究会事務局長の小島健一郎さんを指導役に、バイオマスの概念、木質バイオマスエネルギーの利点と問題点、海外の利用状況、日本の歴史と利用状況などについて聞き、地域ゼロエミッションへの課題を浮き彫りにしました。

　実地調査の中で、起業の契機となる出会いとなったのが、リサイクルボードの実地調査として訪問した岐阜県穂積町にあるアイン㈱総合研究所です。詳しくは後で述べますが、こうした先進地視察の経験をもとに、具体的な企業化のプランとその可能性を探っていったのです。

　この間、2001年11月26日に東京の全日空ホテルで開かれた全国中小企業団体中央会が主催する2001年度新規成長産業連携支援事業の「コーディネーターサミット」で、研究会の取り組みを発表する機会がありました。これは新規成長産業連携支援事業をコーディネートする関係者の意見交換の場として開催されたもので、われわれの研究を含めて6つの団体の取り組みが発表されました。会場には全国から新規起業を目指す人たちが集まっていましたが、釧路湿原の自然環境を守ることを使命に、地域ゼロエミッションの理念で環境再生企業を目指して取り組んでいる姿勢に対して、予想以上の反響が寄せられました。全国73団体の認定事業の中から標茶町のゼロエミ研究会が事例発表の代表に選ばれ、発表を行う機会に恵まれたこと、さらにわれわれが目指す取り組みの方向や理念に多くの賛同と理解を得たという実感は、研究会メンバーの活動そのものへの大きな自信につながりました。そして、この大会での手応えと自信が、われわれの思いを具現化、具体化する転機にもなったと思います。

　さて、ゼロエミ研究会は、企業化に向けた具体的な技術を探すことも大きな目標でしたが、その中で、カムイ

●研究会活動の本格的展開

27

設立に向けて大きく前進する出会いがありました。それが岐阜県にあるアイン㈱総合研究所でした。

　たまたま環境関連の雑誌に掲載されていた同社の記事をメンバーが読み、同社で技術開発された木材と廃プラスチックを活用して製造されたリサイクルボード（商品名『アインウッド』）について、実地調査を行いたいと連絡を入れ、強引に訪問したものでした。

　同社は東京に本社を構えるアイン・エンジニアリング㈱と一体となって、資源循環型社会の実現と地球環境再生を目指す環境技術を中心とした技術開発を手がけていて、1,200件以上の特許を取得し、環境技術の分野では名の知れた企業でした。当初はリサイクルウッドについての調査だけでしたが、調査に行ってみるとリサイクルウッドだけでなく、水質浄化技術、藻場再生技術、光触媒和紙製造技術、廃プラスチックを活用したクッション材やパレットの製造技術など、さまざまな環境処理技術を研究していることが分かりました。地球環境再生という理念に加え、水質浄化や藻場再生、廃木材や廃プラスチックのリサイクルなど、ゼロエミ研究会が求める技術がほとんど備わっていたのです。また、同社の思想や理念と、ゼロエミ研究会の目指してきた思いが非常に近いものであることも確認しました。

　アイン社との出会いが大きな転機となって、企業化に向けた動きは加速度が増していきます。アイン社を訪問した２カ月後に、同社の西堀貞夫社長と菊池武恭取締役（現WPC㈱社長）らが標茶町と地域経済研究センターを訪問。釧路湿原や家畜糞尿の対応に悩む酪農の現場などを見学し、アイン社としても目指す技術展開の場として標茶町の自然環境のフィールドが最適な場であることを確認しました。そして、アイン社との技術提携による企

業化を目指す動きが始まりました。具体的には、廃木材と廃プラスチックを原料に使用した木質複合材の生産技術を、アイン社の技術をベースにしながら地域の実情に合わせて技術改良させていく取り組みを柱に、植物の根による水質浄化システムや、廃プラスチックを原料にした藻場再生構造体の製作についても技術協力を得ながら、地域ゼロエミッションの理念を実現していこうというもので、これに沿って具体的な検討を進めていきました。

　地方で新規企業、ベンチャーを起こしていく際の最大の課題は目指しているものを実現してくれる技術が地域の中からはなかなか求められないということです。高度な技術を有する大学があれば産学連携の支援によって、それを活用していくことが大都市地域では可能です。ところが地方部ではそれは難しいといえるでしょう。しかし、今の時代においては、明確な問題意識と具体的な目標と実行力があれば、それを実現してくれる技術は世界中から探し出せるように思います。技術集積のない地方であれば、必要な技術は外から最も質の高い技術を探し出してくればいいという発想に立つことが大事だと思います。逆に、すでにある技術を前提に企業化を目指して取り組んでいく場合には、その技術に拘束されて発展を阻害されることもあると思います。例えば、既存の産学連携スキームで技術の検討を進めていくうちに他に勝る優秀な技術を見出した場合、なかなか連携先の大学の技術を捨てて他に移るということは難しいと思われます。そのように考えると、技術集積のない地方にいることは決してハンディではありません。その思いや熱意がしっかり伝われば、それを受けとめてくれる技術は必ずどこかにあるはずです。新しい技術がなければ企業化を目指

● 研究会活動の本格的展開

していくのは難しいという呪縛にしばられる必要はないのです。アイン社との出会いではそのようなことを実感させられました。

　事業化に向けては、本格的な木質複合材の生産を行うことを事業計画の中核に置くこととしました。しかし、そのための設備資金の確保をどうするかが大きな課題として浮き彫りになってきました。北海道経済産業局や北海道の関係者に相談したところ、環境産業創出に向けた助成支援策については、エコタウン構想モデル事業の指定を受けることが最も有利な条件での支援措置であることを確認できました。その間北海道経済産業局や北海道からさまざまな情報支援を受けて、地域における企業化に向けてのさまざまな政策支援体制が整っていることを知りましたが、やはり当時はエコタウン構想モデル事業が最も本格的で優遇された支援措置であり、全国の環境リサイクル、循環型ビジネスの多くがこの事業支援により展開されていました。

　エコタウン構想モデル事業は、経済産業省と環境省により1997年度より進められている施策で、その基本的な考え方はゼロエミッション構想です。「ある一つの産業では、廃棄物をゼロにする目標の達成は困難であるが、多くの産業が参加した産業集団全体、あるいは、広域行政区域全体で考えれば、その共同の取り組みにより廃棄物の減少は、可能となる。このような考え方の下に、ゼロエミッション構想は、これまでの大量生産システムとは全く異なる『循環型』の新しい生産システムの創出を提示するものである」とうたわれているように、その理念はカムイの地域ゼロエミッションの思想と非常に近いものでした。事業の具体的な内容は、地方公共団体が推進計画（エコタウンプラン）を作成した場合において、

承認を受けると、例えばハード面の支援メニューでは、「環境調和型地域振興施設整備費補助金」によって、製造プラントの建設やリサイクル設備等の施設整備への2分の1を上限とする助成を受けられるなど、非常に手厚いものでした。特に、施設整備などのハード面の事業費が融資ではなく、基本的には返還の必要のない補助金で支援が受けられるのは大変なメリットでした。カムイとしても早速指定を受けるべく、北海道経済産業局や北海道に相談をして、何とか指定を受ける可能性がないか交渉していきました。しかし、エコタウン構想モデル事業の窓口である北海道から、個別企業に対する指定ではなく、推進計画に位置付けられる必要があること、さらに北海道の推進計画の改訂の予定がすぐにはないことから、2002年度内に指定を受けることについては難しいという回答があり、残念ながら見送らざるを得ないことになってしまいました。

　この経験はわれわれにとって貴重な経験でした。1つは、さまざまな分野での起業を目指していく上で、その分野を所管する省庁や関係機関による政策支援、助成制度については周到に情報を集めて早めに準備をしておく必要があることを痛感したことです。特に、環境分野については規制政策等を推進していく見返りとしてかなり手厚い助成制度が措置されている場合が多く、専門的に情報を集めて有効活用する体制を整えておくことが必要です。しかしながら一方で、それらの施策メニューが本当に意欲ある起業者の需要にうまく応えて機能しているかどうかには疑問も感じました。現実には各種の補助金や支援メニューを幅広くうまく活用している企業と、支援の要件が整っているにもかかわらず、その恩恵を全く受けていない企業との落差が大きいように感じます。起

業に向けての支援政策の展開、運用に当たっては、行政側は申請を待つというだけでなく、積極的に発掘していくという姿勢もこれからは必要ではないかと思います。

　このような状況の中で、2年目のゼロエミ研究会の締めくくりとして、活動の成果を研究報告書としてまとめることにしました。普段は報告書など書いたことのないメンバーが分担して活動報告書を取りまとめたのですが、慣れない作業の過程で、これまでの活動を振り返り、あらためて地域の可能性、さらに自分たちが目指すところや、実践していく責務などを相互に確認していく大切な機会になりました。

 カムイの誕生

　最終の報告書を完成させ、新規成長産業連携支援事業によるゼロエミ研究会の活動は2002年3月1日に終えることができました。当初の勉強会の立ち上げ時に、まず2年間はしっかり調査研究して、それから実践的な起業に入ろうという確認をして活動を続けてきたのですが、活動をあらためて振り返ると、予想以上の手応えをそれぞれのメンバーが感じたようでした。その中から、今後の活動については責任ある企業主体、ベンチャー企業を立ち上げていこうという機運が自然と盛り上がり、研究会メンバーから大越武彦さん、佐藤正さん、熊谷善行さん、藤原利洋さんの有志4名と私が出資し、それぞれが取締役として経営参画することになりました。私自身の経営参画は、それまでは難しかったのですが、直前に産学連携ベンチャーを推進する政策の追い風もあり、国公立大学の教員、研究員が民間企業の経営に加わることが認められたことによるものです。これによって、技術供与型ではない新しい地方における産学連携タイプの大学発ベンチャーの体制ができあがりました。さらに、新たにこの取り組みに賛同してくれた斉藤貴博さんが常勤取締役として参加することになり、2002年4月23日についにカムイが誕生したのです。

　カムイは、地域の力で新しい産業を起こし、安定した雇用を創出していくこと、そして、釧路湿原を有する標茶町のかけがえのない美しい自然環境を守り、再生していくことを実践することを願って設立されました。カムイの理念は、研究会活動で醸成してきた地域ゼロエミッ

ションの確立といえます。カムイ（CAMEUI）という社名は、「標茶のまちは、素晴らしい自然と優しく共生しながら、豊かで安定した快適なまちづくりを目指します～Shibecha should be the community that has amenity and is gentle to natural environment～」という、地域の風土、文化を大切に、地域に根差した発展を目指しますというメッセージの英文文字から名付けました。地域への思いと地域を大切にする心を会社の名前に込めることで、皆で理念を忘れずに企業経営に立ち向かおうという意味合いもあります。もちろん現実には企業の利益追求と地域社会への貢献という使命を両立させていくことは非常に難しいことですが、カムイはあくまでも地方発のベンチャー企業として、地域課題の解決という社会的な使命を企業理念に置くことで、新しい時代の企業価値を創造していきたいという思いもありました。

　このような趣旨からも、会社設立によって今まで続けてきた研究会を解散させることはメンバーの本意ではありませんでした。こうした企業理念を維持し、それを実践していくためにも、今後も調査研究の場が必要だと考え、2002年度も新規成長産業連携支援事業を継続できるように要請したのですが、残念ながらこの事業の継続は認められませんでした。しかしながら、このような状況を見ていた北海道釧路支庁が研究会助成の支援を申し出てくれ、カムイ立ち上げ後の2002年度についてもゼロエミ研究会を引き続き行うことが可能になりました。具体的には、前年度に引き続いて家畜糞尿の低コストによる適正処理に関する実証実験のほか、町営育成牧場で家畜が排出する尿水の植物による水質浄化施設の実証実験、講演会などを行っています。ベンチャー企業を立ち上げた以降も、地道な研究活動をしっかり続けていくことが

大切だという思いで取り組んでいったのですが、その背景には2年間の研究会活動の中から得た、常に学ぶことの大切さがあったと思います。

　ここで重要なことは、ゼロエミ研究会の事務局機能を実質的には標茶町役場の企画振興部門のスタッフが担ってくれたことです。手間のかかる申請書類の作成や他の行政機関との仲介、地元標茶高校との連携や役場内の調整を含めて、重要な役割を果たしてくれました。ベンチャー企業といっても一民間企業ですから、地方自治体が関与するには内外の批判もあったと思います。しかし、標茶町は地域の産業創出、雇用創出に向けて挑戦しているカムイの研究会支援は公共性のある活動だという認識で強くバックアップしてくれたのです。例えば、研究助成や国の政策支援を受けるに当たっても、地元自治体が協力してくれていることは非常に心強く、また、大変有利な状況を生み出します。ややもすれば、民間に対しては公平に接しなければならないという保守的な思考になりがちな行政対応が多い中で、標茶町の協力的な対応は大変ありがたいものでした。地方においてベンチャー起業を今後展開していく場合、地元の自治体、行政部門との連携、協力というのは極めて大切な要素であると感じています。(第Ⅰ章「7．地方自治体等行政の役割」参照)

　さて、カムイでは、地域ゼロエミッションの理念を実現するとともに、ベンチャー企業としての事業収益性を勘案して、当面目指す事業として大きく3つの柱を設けました。1つは、「森を守る」という柱で、廃木材と廃プラスチックを利用した高品質なカムイウッド（中空熱可塑性の木材・プラスチック再生複合材）の開発、製造、販売・施工です。2つ目は「川と湖を守る」という柱で、

植物の根の持つ水質浄化機能を活用した、ルートネットフロートシステムによる水質浄化施設の研究開発と販売・施工です。3点目は、「海を守る」という柱を掲げ、豊かな海を再生するための藻場基盤構造体の研究開発と販売・施工です。さらに、それらに関連する環境関連の研究開発も進めていくことになりました。これらについては既存技術を活用しながらも独自の技術開発を心がけていくこととしました。

⑤ 『カムイウッド』の特徴

　３つの事業の中でカムイの経営の基幹事業として想定したのが、「森を守る」ための『カムイウッド』の開発と製造です。地域内で排出されたカラマツ間伐材や建設廃材等の廃木材と、廃棄された農業用プラスチックやペットボトルキャップ等の廃プラスチックを原材料にして、高品質の再生複合材を製造するものです。廃棄物を原料にして新しい製品を作るので、廃棄物の回収システムなどが確立できれば、地域ゼロエミッションの理念に沿う地域循環システムを実現する可能性を持っており、事業収益の面でも市場拡大を見込める取り組みだと判断したわけです。

　カムイウッドの製法は、廃木材と廃プラスチックを粉砕化して溶融し、それを押し出し成型して、木質感のある建材、部材を作り出すというもので、金型を工夫することで、さまざまな成型が可能になります。具体的には、まず、原材料の廃木材を乾燥させます。環境に配慮するため熱源を利用せず、回転の衝撃による剪断発熱を利用して木粉から水分をたたき出します。次に、廃プラスチックの汚れを取り除くのですが、この際にも環境に配慮して、カムイでは水を使わず廃プラスチック洗浄機「クリーニング・セパレーター」を導入しています。これは、空気圧と摩擦による研磨でプラスチックの汚れを洗浄する仕組みになっており、水の大量使用による水質汚染を防止しています。そして、水分を完全に除去した木粉に粉砕したプラスチックを混合・溶融し、一体化させ、高圧力で押し出し、成型します。この製法は、もともとア

カラー化も可能なカムイウッド。成形もいろいろな形に対応できる

イン社が開発した技術を採用しながら、改良や工夫を加えていったものです。

　粒子のかなり細かい木粉に融解されたプラスチックを混合し、成形するので、その密度は非常に高く、カムイウッドは天然の木よりもさまざまな面で優れた性能を有しています。例えば、耐水性。30日間水に浸けて杉やヒノキなど天然木と吸水率を比較したところ、杉が165％、ヒノキが180％ほどの吸水率であるのに対し、カムイウ

図1－5－1　カムイウッド及び木材との吸水率比較表
（30日間水につけた場合、JIS　K7209準拠）

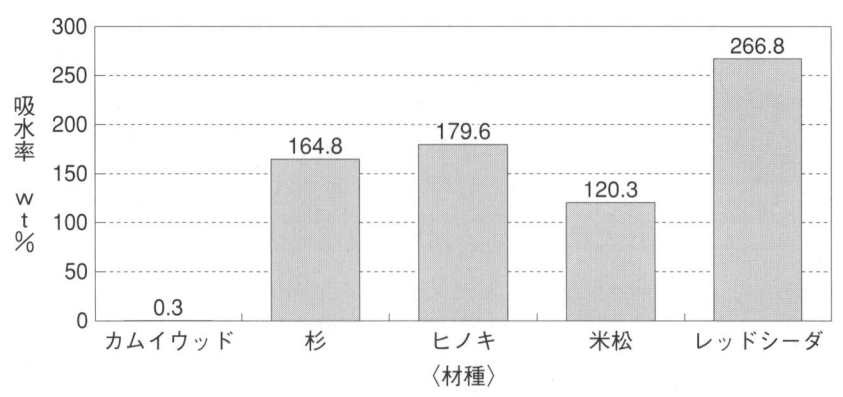

材種	吸水率 wt%
カムイウッド	0.3
杉	164.8
ヒノキ	179.6
米松	120.3
レッドシーダ	266.8

※（財）建材試験センターによる試験結果

ッドはわずか0.3％（図1－5－1）。このため耐水性があり、床材（デッキ）や外壁など屋外で使用しても腐りにくく、長期間の使用が可能になります。

　また、鉛筆の芯の硬さで比較すると、杉やヒノキは6Bよりも軟らかいのに比べて、カムイウッドは4Hの硬さがあり、硬度性が高く、傷がつきにくい特徴があります。もちろんプラスチック製品と比較して色落ちしにくく、その一方で通常の木製品のような質感を持っているので、木とプラスチックの欠点を補い、利点を生かした性能を発揮しています。また、天然木による建材はその多くが合板で接着剤を使用していますが、カムイウッドは接着剤をまったく使わないので、ホルムアルデヒドの心配もありません。屋内使用の面でもシックハウス症候群の恐れもなく、人に優しい建材といえます。

　経済性の面から見ても、初期投資はやや割高になるものの、防腐防蟻処理などのメンテナンスが不要になるので、例えばデッキシステムを例にとれば、3年後にはトドマツやエゾマツを使った場合とランニングコストが逆転し、10年後にはコストは半額以下になります（図1－5－2）。さらに、カムイウッドは100％リサイクルできるため、使用しなくなったら、回収して再利用することができるのです。

　このような特徴を有するカムイウッドは、これからの時代の要請にも見合うものといえるでしょう。現在、「大量生産、大量消費、大量廃棄」というシステムで成長してきた日本の社会経済の構造が行き詰ってきています。自然環境の破壊や地球温暖化問題など、さまざまな環境問題に対応していくためにも、資源の循環、資源の有効利用を進めていくための施策が進められてきており、3R（Reuse：リユース、Reduce：リデュース、

Recycle：リサイクル）の観点からカムイウッドのような再生複合材への注目は急速に高まっています。

カムイウッドを使った屋外デッキ（道東にあるK邸）

図1−5−2　ランニングコストの比較（デッキ材）

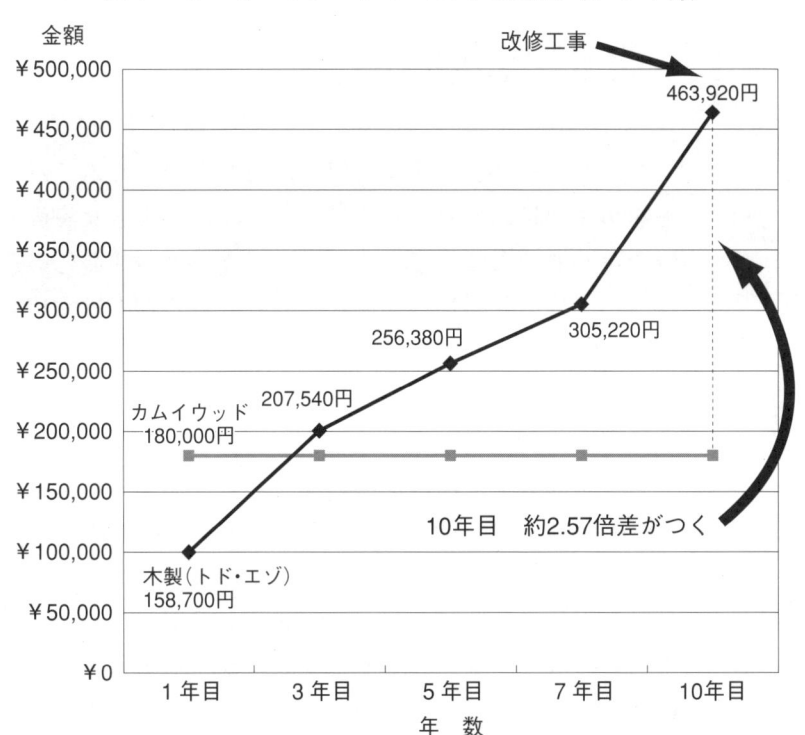

改修工事　463,920円

305,220円

256,380円

カムイウッド　207,540円
180,000円

10年目　約2.57倍差がつく

木製（トド・エゾ）
158,700円

1年目　3年目　5年目　7年目　10年目
年　数

＊1.5坪／1.8m×2.7m（4.86m²）のデッキシステムで比較（施工費含む、基礎別途）。
＊カムイウッドと木材の価格を比較した場合、木製デッキは3年目以降防腐処理などのメンテナンス費がかかり3年目で逆転。
＊木製（トド・エゾ）のデッキ材は腐朽・劣化による補修費がかかる。
＊カムイウッドと木材の破損率は、相殺します。
＊木製デッキの場合、10年目には土台廻り床の腐れにより、改修工事が考えられる。

●『カムイウッド』の特徴

6 資金調達の苦労

　社会的ニーズという追い風はあるものの、カムイウッドを事業の柱に進めていく最大の課題は、大きな設備投資資金が必要なことでした。カムイウッドの開発と製造については、収益性の面を考慮すればある程度は本格的な製造プラントを備えることが必要で、一定の販売と収益を確保し、カムイの活動基盤を形成していくための初期投資は約10億円と見込まれました。しかし、工場建設コストの低減や、中古機械の購入などで初期の投資額は5億円に抑えてスタートしようということになりました。とはいえ、その5億円の資金調達は、これまでの活動の中で最大の難関だったといえるでしょう。

　当時はベンチャー設立を積極的に推し進める政策が展開されており、経済産業省大臣も「大学発ベンチャーを全国に1,000つくるためにはできる限りの強力な施策を進める」と豪語していた時代でしたので、ベンチャー企業を立ち上げる資金についても何らかの政策支援は得られるのではないかと、今から考えるとやや甘い見通しを持っていたように思います。しかし、現実は厳しく、カムイのような事業実績もない、また、担保力も十分もたないベンチャー企業が、地方部において金融機関から資金調達の道を探っていくことは至難の技でした。特に、事業の柱がカムイウッド製造にかかわる工場建設をはじめとする初期投資の大きいものだけに、資金確保の厳しさは想像を越えるものがありました。

　当初は、先述したようなエコタウン構想モデル事業のような環境リサイクル系の助成資金について支援が得ら

れないかといろいろ模索したのですが、個別に交渉していくと予想以上に条件が厳しく、時間的に間に合わない等の壁があるなど、なかなか条件に見合うものを探すことは難しかったのです。特に、行政の資金支援政策については、まずは民間からお金を借りてくださいという基本的な姿勢がありました。あくまで行政の政策支援は補完的なもので、一部足らざるところをサポートするという仕組みです。やはり基本となる資金は民間から調達しなければならないという原点に立ち戻っていったのです。

　そこで、地元金融機関などさまざまな資金調達の道を模索したのですが、当時は金融機関に対してバブル後の不良債権処理をめぐる金融環境の下で自己資本比率を高める方向での金融政策が展開されていた時期でもあり、実績や担保のないベンチャー企業に対するリスクを伴う金融支援を受けるには大変厳しい環境でした。金融機関自身が不良債権の処理と自らの財務改善に追われて、地域の新規起業の支援をしていこうという余裕はほとんどない状況だったのです。もちろん地域経済の活性化のために地場産業を育てていこうと応援してくれる良心的な金融マンもいましたが、大きな流れはやはりカムイには逆風でした。

　現在、日本のベンチャー企業は9割以上が大都市圏にあるといわれています。多くが東京圏で、一部大阪圏、名古屋圏といったところでしょう。それらのベンチャー企業の資金調達は50％以上が直接金融となっています。すなわち社債を発行したりして、直接市場から資金を調達する。あるいはベンチャーキャピタルなどから直接資金を受けるという方法で、銀行等の金融機関を介さない資金調達を行っているのです。そこで、われわれも金融

機関に頼らないで直接金融の手法で資金を得ることができないかと検討を始めました。そこで選択したのが、簡易な社債発行の手法により、一般に公開することなく地域内の特定の人々を対象に呼びかけて資金調達を行う道です。縁故私募債という手法ですが、従来の金融常識からいえば、無謀なやり方だという批判もあり、多くの人たちは冷ややかな見方でした。しかし、われわれは地元を回ってカムイの設立の理念とともに、長期的な資金回収の可能性を事業計画によって説明しながら、資金支援を呼びかけていきました。

　縁故私募債は小人数私募債とも呼ばれます。一般の社債はいわゆる投資家が資金運用として金利目的で運用するものです。したがって、企業が社債を発行する場合は、財務省への届出や発行条件の規制も厳しく、小さな企業ではその発行は難しいわけです。しかし、縁故私募債は一定の条件さえ満たしていれば、利息や発行額、償還期間も発行側が自由に決めることができるなど、比較的簡単に柔軟に発行できる社債で、条件は①社債購入者が50人未満であること、②一口の最低金額が発行総額の50分の1未満であること、③募集対象者は知人や親類、取引先などで、社債引受人には銀行や証券会社など金融のプロがいないこと、④公募形式ではなく、引き受け後も不特定多数のものに譲渡される恐れの少ない場合に該当すること、⑤発行が株式会社によって行われることなどです。中小企業や零細企業でも発行することが可能で、担保も保証も不要ですから、これからの中小企業の資金調達方法としては積極的に活用していくべき手法だと思われます。縁故私募債と呼ばれているのは、社債購入者が取引先や社員、社員の親戚などが中心となることからですが、われわれは、この縁故の対象を地域コミュニティ

の人々と考えて発行することにしたのです。

　カムイが発行を予定した縁故私募債は、総額1億円、一口300万円で、条件は年利2％、5年間の償還期間として、地域内の人たちに募集を呼びかけました。当初は不安もあったのですが、結果的には、比較的短期で34人の人たちからの購入希望が寄せられ、約1億円の資金の調達に成功したのです。

　この資金調達法については、私も何人かの知人に相談したのですが、金融に詳しい人ほど、「それは難しい」、「無理だ」という反応がありました。しかし、最低でも半年くらいはかかるのではないかと思っていた募集が3カ月ほどで目標額の資金が集まったことには私自身も驚きました。もちろん、社員の親戚等で支援してくれる購入者はいたのですが、多くの地域の人たちは多少のリスクがあっても夢を追い求め、それに挑戦していく取り組みに対して応援していこうという気持ちで快く協力してくれたのでした。ここで私が感じたのは、地域にある預貯金資金が本当に地域のために活用されているのだろうかということでした。社債購入者の一人からは、「低金利で銀行に預けてどこに使われるか分からない貯金よりも、目に見える形で地元地域の企業資金に役立ててくれたほうがいい」という声を聞きました。これは大切なことで、地域で預け入れられたお金が地域の投資に還元されて地域経済の活性化につなげていくという地域金融の本来の機能が十分果たされていないこと、知恵があれば別の仕組みを構築していく道が地方でも可能だということを示唆しています。カムイが縁故私募債に挑戦したことからはこのように学ぶことも多くありました。（第Ⅱ章「5．お金の地域循環」参照）

　縁故私募債による自己資金調達を受けて、政策金融機

●資金調達の苦労

関への支援依頼も進めていきました。ベンチャーやリスクのある企業に対して金融支援を行うのは、本来は政策金融機関の役割です。実態は政策金融機関でも安定企業にしか目を向けていないところが多く、リスクのあるベンチャー企業にしっかり向き合ってくれる政策金融機関がどこまであるのかという懸念を持っていました。ところが、中小企業金融公庫の当時の釧路支店長が支店長決済で２億円のカムイへの融資を決断してくれました。縁故私募債による資金調達などの自助努力をしっかり評価していただき、私たちの思いを汲み取って支援してくれる金融マンがいたのです。このことは今でも印象深く、また、その支店長には深く感謝しています。

　１億円の縁故私募債と政策金融で２億円、合計３億円の資金が集まったことで民間の金融機関からも地元の金融機関が中心になって資金融資をしてくれることになり、ようやく事業資金の５億円を調達することができた

2003年８月に完成したカムイの工場

のです。そして、2003年8月に標茶町郊外にある森林に囲まれた敷地に工場を建設し、カムイウッドの製造が始まったのです。当初から目標の1つであった雇用については、閉山になった太平洋炭鉱の元職員などを含め、地元から20名の新規雇用を実現することができました。

　資金調達の経過の中での貴重な経験は、縁故私募債の呼びかけに地元の人たちが応えてくれたということでした。カムイが事業化に向けて踏み切ることができたのは、やはり地域の力があってこそだと実感しました。私は34人の縁故私募債を購入してくれた人たちを「コミュニティ・エンジェル」と呼んでいます。アメリカンドリームを実現した大富豪が資金支援する形でのアメリカのようなエンジェルは日本には存在しないかもしれませんが、新たな挑戦に対して、その夢を支援し、応援する多くのエンジェルが地域社会にいることを確認できたことは、私にとっては大きな喜びであったとともに、地域の力の

●資金調達の苦労

取締役一同（前列）と新規雇用した従業員

大きさを再認識することができた機会でもありました。この経験は、その後のカムイの活動の大きな自信と責任にもつながったと思います。それとともに、地域で生まれた所得、そこで貯えられたお金をしっかり地域内での投資に振り向ける、循環させる仕組みがこれからの地域経済の再生に向けて大切なことだという考え方をあらためて認識する機会にもなりました。そのための仕組み、政策のあり方はどうあるべきか。カムイにおける資金調達の経験は、地域自立に向けた産業政策、地域の金融政策のあり方を考える契機にもなっていきました。

7 地方自治体等行政の役割

　リサイクル研究会、ゼロエミ研究会、カムイ設立後の調査研究活動をはじめ、これまでの起業に向けてのさまざまな取り組みの中では、地元の自治体である標茶町が果たしてきた役割は大きなものがあります。特に、標茶町のような小さなまちで新たな活動を地域で展開していく場合には、都市部に比べれば地方自治体の役割は大変大きく、カムイの起業に当たっては、標茶町が積極的に関係機関との結節点となると同時に、情報の収集支援と共有化、報道対応など、さまざまな機能で貢献があったと感じています。また、行政が支援していることによる信頼性も大きなものがあります。やはり地方における新規起業については地方自治体の役割が大きいこと、この点が都市型ベンチャーとの違いといえるでしょう。そこで、ここではまずカムイの立ち上げまでに標茶町が果たしてきた協力と支援の実態をご紹介します。

　標茶町役場では、リサイクル研究会の立ち上げ以前から、地元での新しい産業創出に向けて、さまざまな情報収集活動に努めていました。異業種交流会への協力や、まちづくりメンバーなどから相談を受けることもありました。地域経済研究センターとの接点を作ったきっかけも、まちづくりメンバーから相談を受けた標茶町職員でした。2000年度にリサイクル研究会が設立されることになりましたが、標茶町は実質的な事務局機能を担う形で研究会運営にかかわることになります。これは、地元の大学の活動に対する連携、協力という産官学連携政策という側面と、地方自治体としての地域振興への取り組み、

すなわち地域産業の新たな企業化や新規雇用の創出に向けての取り組みという産業政策の側面があったように思います。

2001年度のゼロエミ研究会では、本格的な研究会活動を進めるために全国中小企業中央会のコーディネータ支援事業の申請を行いましたが、そこでは採択要件として標茶町が補助申請や経理・調整事務に加わる必要があり、それは標茶町が研究会活動により深くかかわる契機にもなりました。一般に民間の取り組みにおいて行政機関への申請を行う業務は大変手間のかかるものですが、地方自治体であれば同じ行政の事務ですから比較的効率的に進められる場合が多く、その面での官民連携をうまく進めるというのは今後の地域における産業政策の展開において大切なことだと感じます。

カムイの立ち上げまでの研究会活動における標茶町の役割を整理すると、研究会と町内外の機関、団体・企業との連絡調整、特に地元標茶高校への共同研究参画の呼びかけや各種実証実験の許可に関する調整、地元の団体・個人に対する公開実証実験等研究会主催行事への参加の呼びかけ、また、報道機関への対応、さらにカムイの企業経営に役立つ公的な情報について、国や北海道などから金融等支援制度、融資情報の収集などが挙げられるでしょう。これらの活動は地味で目に見えない取り組みですが、民間ではなかなか効率的に進めていくのは難しい分野です。しかし、このような地域内調整やきめの細かい情報発信がなければ地域の力を結び付けて新たな起業という具体的な形にしていくのは難しいのです。新しい取り組みや挑戦を地域の中から醸成していくためには、このような地方自治体の柔軟な対応と縁の下の力持ちとしての役割が大切だと思います。

もちろん地方自治体が研究会の活動を支援していくことについては、カムイという1つのベンチャー企業を立ち上げるための目的だけではなく、地域の課題を幅広く解決していくための手がかりを得るという標茶町行政としても大きなテーマがあったと思います。例えば、環境という面では、家畜糞尿により水質や水系の悪化が懸念されています。基幹産業である酪農業を取り巻く大きな課題である家畜糞尿処理とその利活用をどのように進めていくのかというテーマは、標茶町でもかねてから認識していたと思います。さらに、カラマツ等間伐材などの森林資源の処理とその利活用、また下水道未整備地区の生活排水処理、農業用ビニール廃棄物の処理、建築廃材や土木廃材などの産業廃棄物の適正処理、可燃性・不燃性・資源ごみを含めた一般廃棄物の適正処理とその利活用、そしてリサイクルの推進など、これらのテーマをどのような技術によって解決していくことができるのかという問題は標茶町全体に共通する課題、テーマでもあります。このため、研究会でもこうした課題を踏まえた調査研究内容を積極的に組み込んでいきました。標茶町は長期的な行政課題を組み込みながら、新産業の創出による新たな雇用の創出や、地域経済研究センターや標茶高校との連携による地域環境教育の推進役という役割も担っていたと思います。産学官連携で進められた研究会活動は、カムイにとっても、行政にとっても互いにメリットのある取り組みになったといえるでしょう。

　今後の地方自治体の運営に当たっては、地方税が減少していく中で、地域の自主的な税財源をしっかり確保していくという意識を持つこと、そのための安定企業を育てていくということは大切な政策テーマになります。その意味でも、新産業の創出、新規起業化への支援という

取り組みについて地方自治体は積極的に関与していくべきだと思います。

　また、環境問題にしっかり向き合うこともこれからの自治体政策にとっては大切なことです。将来的に環境のまち、クリーン農業など、環境を大切にする地域ブランドが確立されるようになれば、農産物をはじめとする標茶町の地元産品の付加価値も向上し、地域のさまざまな産業へも経済波及効果をもたらすことになります。このような視点で自治体が積極的に環境問題に向き合う企業を支援する意義は大きいと思います。単に1民間企業だからという理由だけで一歩退くのではなく、逆に一歩踏み込んで民間の動きとパートナーシップを組むことによって、地域の課題を解決しながら、新産業を創出するという姿勢がこれからの地域政策には必要でしょう。

　このような地元地方自治体の支援を受けながら、一方で、カムイは国レベルでの支援も受けています。例えば、2002年度に北海道経済産業局の新規大学発ベンチャー企業の支援施策である新規研究開発創造活動事業に応募し、新規研究開発のための補助金交付を申請。研究開発の新規性が認められて、「植物繊維と廃プラを資源としたリサイクルウッドの技術研究」をテーマに2,700千円の補助金を得ることができました。カムイウッドの原材料である廃木材にかえて牧草などの草を原料とした再生複合材を開発しようという研究です。酪農地帯である釧路・根室地域では、古い牧草の処理も問題になっていました。そこで、牧草に大量に含まれるセルロースに着目し、細かく粉砕したプラスチックと混ぜることで、再生木材を作ることができるのではないかと考えたのです。この研究の結果、木材を原料にした再生複合材と機能面では遜色のない再生複合材の開発に成功しました。カム

イ独自の技術として特許を出願し、生産も可能な状況になっています。この研究の申請が認められたことは、カムイの目指す事業の一部が、初めて行政の政策支援レベルで認知されたという意義があります。研究資金の確保という本来の目的とは別に、事業活動を進めていく上での新たなステップとしての重要な意味合いがありました。

カムイでは先述のように、経済産業省と環境省が進めている「エコタウン構想モデル事業」による助成を検討した経緯があります。最終的にエコタウン事業への申請は見送りましたが、結果的にそれはカムイにとってマイナスの側面だけではありませんでした。なぜならば、全国の多くの環境リサイクルビジネスは、このエコタウン事業の認定を受けて展開されている事例が多いのですが、その中には余りにも手厚い助成が企業の自立心を欠いてしまうケースも見受けられるからです。もし、モデル事業として進めることができても、助成が打ち切られてしまえば、そこで一気に経営が傾く不安があります。そういう意味では、エコタウン事業の認定を受けられなかったことは、当時は大きな痛手でしたが、今では逆に自立的な経営を心がけていくという意識を持つことにつながり、カムイにとって貴重な財産になったと思っています。

行政からのサポートでは、以上に述べた助成支援以外にも、カムイウッドを公共施設に採用してくれています。地元標茶町はもとより、国土交通省、北海道など国や地方自治体の公共機関から多くの受注があり、売り上げ面だけでなく、一般市場に向けたアピールの面でも、カムイにとってはありがたい支援の形になったと思います。

例えば、地元標茶町では、観光名所の多和平の看板を

はじめ、町営住宅といった各種建物のデッキや外壁材などに幅広く採用いただいています。また、国土交通省でも、釧路湿原で進めている自然再生事業用の標津川の木道や国道の防止柵などにカムイウッドを使っていただきました。北海道では、道立学校の外壁材やデッキ、フェンスなどに積極的に使用いただいているほか、道路の歩道防止柵などにも利用されています。

　カムイの製品がこのような公共施設で使われているという実績は、民間への市場展開を図っていく上でも、信頼性や安心感を増すこととなり、実績として評価されるため、このような点でも行政の支援の意義は大きいといえます。

釧路公立大学構内にもカムイウッドで作ったベンチとゴミ箱を設置

8 環境生態系を守る―水質浄化事業・藻場再生に向けて―

　カムイ・エンジニアリングの二つ目の事業の柱である、「水を守る」事業については、水質浄化施設の研究開発を行っています。

　既に土壌を用いて浮島式の植物浄化装置を導入し、水質を浄化する手法がありますが、この方法は土壌が汚泥へと変化して水を汚してしまうという欠点がありました。また、ヤシ殻培地帯を用いる方法もありますが、これは腐食により崩れて植物が吸収したリンや窒素を再び水質に戻してしまうという問題があります。そこで、カムイでは「カムイ網状構造浮島工法」を用いています。植物培地帯として網状の構造体を用いることで、網の内部に繁茂した植物の根によるろ過効果と、根からの栄養塩の吸収や根周辺で形成される生態系による自然浄化の相乗効果で、最も効率よく水質を浄化させることができます。カムイの網状構造体を水面に浮かべて植物を育て、群生させ、根を網状構造体にたくさん絡ませて、根の力とその周辺に生きる微生物と根のろ過効果によって、自然の力で水質を浄化させるという考え方です。

　植物を利用するに当たっては、地域で生息する植物を効率的に活用することが第一です。そこで、水質浄化事業は地域新産業創造活動事業と連携しながら、地元の標茶高校の全面的な協力を得て進めていくことにしました。まず、標茶高校の敷地を活用しながら地域に育成する植物の根を利用した水質浄化の実証実験を行っています。地域に生息する植物の中で、最も効果的な植物は何かを研究しようと、植生実験を行ったほか、地元の公共

標茶高校の生徒たちの協力のもと実験を行う

育成牧場で、網状構造体を利用した家畜糞尿処理の実験も進めました。

　この研究開発事業の中では、2002年度の環境省による自然再生事業の茅沼地区の水質浄化事業をカムイが受託することになりました。全国的に注目されている自然再生事業について、実績のほとんどないベンチャー企業が受託したことは極めて異例なことです。これからは国の事業を受注するのに、実績だけでなく、新規分野に積極的に挑戦していくことも評価される時代になってきたことを感じます。具体的な事業としては、湿原に生息するオランダガラシ（クレソン）、ヨシ、フトイ、エンコウソウの4種類の植物の根を使って浄化実験を行い、浄化の実態を探るというものでした。実験では標茶高校の農業クラブや農業化学入門を受講する生徒たちが作業を行ってくれ、積極的に取り組んでくれました。標茶高校では2002年から「釧路湿原再生プロジェクト」を開始していますが、その調査・研究は2003年から2005年の間に文部科学省や北海道教育委員会から研究指定を受け、より信頼性や学術性の高いものに深化・発展しています。教育課程では、2005年度に学校設定教科「環境」を届け出、全国に先駆けていち早く教科としての「環境」を設置す

るなど、全国に先駆けて環境教育を実践する環境教育モデル校として注目を浴びています。この点は、カムイの存在が教育課程にも少なからず影響を与えたものだと思っています。ちなみに湿原再生プロジェクトに参加してくれた高校生の中から進学先として大学の環境系の学部を選択する生徒たちが多く出てきています。標茶町での経験を生かして、将来わが国の環境問題を解決する人材に育ってくれることを期待しています。

一方、カムイでは海の藻場再生研究開発も行っています。これまで活動を行ってきた「地域ゼロエミッション研究会」の中に「地域ゼロエミッション研究会―豊かな藻場再生に向けた研究会―（以下、藻場再生研究会）」を設置し、森から河川を通じて海に至る一連の水系循環システムの重要性を認識しながら、流域が一体となって「海の森」を蘇らせ、魚介類が生息し続けることのできる海の再生を目指し、地域ゼロエミッションの思想の下に、藻場の再生に向けた技術開発研究を進め、安全・安心な食料の供給の実現と漁業を取り巻く環境の向上、そして新たな産業の創造に向けて、豊かな海を次世代に引き継ぐことのできる研究活動を推進しようと考えています。

近年、日本各地の海岸では「磯焼け」という現象が起き、重大な環境問題になっています。磯焼けとは、海岸に生えているコンブやワカメ、その他多くの種類の海藻が減少して不毛の状態となり、代わりにサンゴモと呼ばれる、薄いピンク色をした硬い殻のような海藻が海底の岩の表面を覆いつくす状態をいいます。コンブやワカメ、あるいはアカモクなどのやや大きめの海藻（大型海藻）の群落は、魚類の生活の場や産卵場であり、また、その一方で太陽の光と、魚類その他の海生動物から排出され

●環境生態系を守る―水質浄化事業・藻場再生に向けて―

る二酸化炭素を利用して、酸素と炭水化物を合成（光合成）するなど、海の動物などにとって欠かせない役割を果たしています。したがって、海藻類は海の生態系の中において、非常に重要な存在といえます。しかし、磯焼けが発生すると、海藻がなくなることにより、生態系のバランスが崩れ、魚が寄り付かなくなり、その代わりに、実入りの悪いウニや小型の巻貝ばかりが目に付くようになります。磯焼けが発生すると海藻や貝類などの漁獲が減少し、大きな被害を与えてしまいます。また、二酸化炭素濃度への影響、生物多様性の減少、水質の悪化など、海の環境保全の面からも大きな問題となっているのです。

　日本の食料供給基地の一翼を担う北海道の中でも、特に北海道の東沿岸は全国有数の漁場として発展してきました。しかし、農地造成や都市開発になどによって、多くの森林が伐採され、漁礁への栄養価が減少しています。また、家畜糞尿や生活排水が河川を通じて海に流出するようになり、沿岸海域の藻場が疲弊し、磯焼けを生じるようになってきています。磯焼けは海の砂漠化ともいえ、釧路管内の天然コンブ生産量も顕著に減少が見られるようになり、他の漁業資源にも影響が見られるようになってきていたのです。

　そこで、2002年にカムイではアイン社、釧路市の三ツ輪ベンタス社と合同で、厚岸沖の海底に廃プラスチックとコンクリートブロックで作った漁礁ブロック21基を投入し、コンブを蘇らせる藻場再生実験を行う藻場再生プロジェクトを進め、1年後には漁礁ブロックにオニコンブの着生などを確認することができました。この成果を地域の環境再生のためにさらに生かしていこうと、2003年12月に、新たにゼロエミ研究会の中に藻場再生研究会

2002年に行った藻場再生
実験の様子

を設置したのです。同研究会は、標茶町、厚岸町のほか、国土交通省、北海道の水産部門や釧路支庁などの行政に加え、地元漁業協同組合と森林組合、地元民間企業、東京の全日空商事㈱、そして地域経済研究センターと、産官学連携で産業の枠を超えた一体的な形で組織されたことが大きな特徴です。国と地方自治体、あるいは漁業と林業など、さまざまな壁を取り払って地域の環境保全、環境再生を図っていこうと考えたのです。

　標茶町には1949年に京都大学の演習林（現北海道研究林標茶区）が設置されていますが、京都大学でも林業という一分野だけでなく、海洋研究部門などと一体的な研究の重要性が認識されているようで、2003年には理学研究科・農学研究科に附属していた水産実験所や演習林を統合した、フィールド科学教育研究センターが発足しています。同センターの研究者もわれわれの研究会に対しては高い関心を示してくれ、これまでの演習林における研究データなどの情報提供をはじめとして、積極的な協力を申し出てくれました。やはり、環境問題は森や川、海など、1つの流れの中で一体的にとらえていくことが

重要なのです。

　同研究会では当初から、地球温暖化など環境の変化をとらえながら、大きな生態系の中で藻場の再生に向けた研究を行っていきたいと考えていました。そこで、北海道全体の中でどのような実態が見られているかを把握しようと、2004年には北海道内の漁業組合のうちコンブ部会を有している組合を中心に51漁協に対して、藻類・藻場に関するアンケートも実施しました。その結果、38漁協から回答を得ることができ、8割以上が地域環境の変化や地球温暖化の影響を感じていること、約9割が河川・農業・森林域の環境が漁業に影響があると感じており、特に河川改修や森林伐採などが影響していると感じていること、約8割が将来のコンブ漁に不安を感じていることなどが分かりました。

　環境問題に向き合いながら、地域の新しい産業創出を図るためには、森、川、海と地域の生態系全体の中で物事を考えていかなければなりません。そのためにも、環境問題には、産業や所属団体、産官学の枠を超えて地域が一体となって取り組んでいく必要があります。今振り返ると、藻場再生研究会はその第一歩であったと感じています。

⑨ ペットボトルキャップの活用

　家庭のリサイクルでは、ペットボトルを分別しているのが一般的です。「容器包装に係る分別収集及び再商品化の促進等に関する法律（容器包装リサイクル法）」が施行され、ペットボトル本体の回収率・回収量は飛躍的に伸び、リサイクル回収システムもしっかりと構築されています。しかし、キャップは一般廃棄物の枠組みとなっているため、普通の廃棄物として処理されており、市町村の管轄下でその多くが埋め立てや焼却処分されているのが実態です。プラスチックにはMI値という品質を図る数値があるのですが、ペットボトルのキャップは実はこのMI値が高い、非常に良質なプラスチックといえます。しかし、これがリサイクルされずに廃棄物になっている現状があるのです。

　カムイウッドでは現在ペットボトルのキャップを原料として使っていますが、積極的にこれを活用するようになったきっかけは旭川市の市民運動でした。旭川ライオンズクラブの新人研修会の中で、ペットボトル本体は分別回収後リサイクルされているのに、キャップは分別しても捨てられていることが話題にあがったのです。そこで、同クラブではペットボトルのキャップを利用したリサイクル製品を製造している鳥取県米子市の企業にアプローチし、学校や公民館など、キャップ回収に協力する団体の実情など、その取り組みの経過や現状を調査し、同時に北海道環境部に対して、北海道内の廃プラスチック処理状況と企業情報を照会したわけです。そして、北海道内では唯一カムイがカムイウッドとして製品化して

地元の学校から回収されたカムイウッドの原料のペットボトルキャップ

いることを知り、同クラブの担当者からカムイにペットボトルキャップの受け入れが可能かどうかという連絡があったのです。

旭川市では、年間1,600万本（445ｔ）のペットボトルが消費され、約98％が旭川ペットボトル中間処理センターで処理されているそうです。しかし、キャップは埋め立て処分され、土の中に埋まっているといいます。

しかし、先述のようにペットボトルのキャップは一般廃棄物であり、①市町村で処理することが原則で、越境することは難しいこと、②一般廃棄物のため、受け入れ処理料金、収集運搬料金の問題があること、③カムイが一般廃棄物の処理のための許可を所得していないという問題がありました。そこで、同クラブでは、「旭川ライオンズクラブＰＥＴボトルキャップレスキュー委員会」を立ち上げ、法的な規制のクリアに向けて動き出してくれました。旭川市をはじめ、北海道（本庁）や釧路支庁、標茶町など、各地の行政担当者に働きかけ、北海道から「資源として標茶町が受け入れるならば構わない」と、①と③の問題は特例として扱うことで、旭川市で回収し

たペットボトルキャップをカムイが原料として受け入れることを許可してくれました。

こうした規制をクリアしたことで、同委員会では市内の住民センターや学校などに回収ボックスを設置し、2005年10月にペットボトルキャップ3.2ｔ（約150万個分）を収集し、カムイはこれを無償で受け入れることになりました。運搬費用については、同委員会がトラックでカムイの工場まで運び入れることを申し出てくれ、同クラブで回収したペットボトルキャップの受け入れは翌年度まで続きました。同クラブとのやり取りの中では、ペットボトルキャップがほとんどリサイクルされていないという実態を私自身が認識するきっかけになりました。

この動きを受けて、地元標茶町や釧路市などで、ペットボトルキャップのリサイクルシステムに向けた動きが見られるようになりました。例えば、釧路市では「隣接する標茶町にカムイという、ペットボトルキャップを原料に製品を作っている企業があるのに、なぜ釧路市では一般廃棄物として扱われているのか」ということが議会でも話題になり、その後、一般廃棄物処理の過程で、キャップがついたままのペットボトルの場合は、そこでキャップを分別し、週に１回カムイ側が回収することになりました。

また、標茶町では「国際ソロプチミスト協会しべちゃ」がペットボトルキャップの回収を地元の学校などに呼びかけてくれました。カムイは回収のためにカムイウッドで作った回収ボックスを小中学校など町内に設置し、カムイが自主的に回収する体制を整えています。その後、2006年にはこのペットボトルキャップを活用して作ったベンチを小学校に、2007年には中学校に設置することができました。地元のキャップ回収は少量ですが、市民団

体との連携で、回収の仕組みを作り上げたともいえます。

　子どもたちも積極的にペットボトルキャップを持参し、学校に設置された回収ボックスに投入するなど、環境教育にも一役買ったのではないかと思っています。また、少人数ではありますが、カムイの工場にわざわざキャップを持参してくれる父兄もおり、保護者にも波及していることを感じています。

　リサイクルシステムを構築する中では、法的な規制に加えて廃棄物の回収システムをどのようにつくり上げていくのかが大きな問題です。しかし、そこで見つかった課題も、多くの人が知恵を持ち寄ることで解決に向けた光が見えてきます。回収の仕組みをつくり上げることは、カムイのスタッフだけでなく、他の多くの人たちの協力があってこそといえるでしょう。

　カムイでは2005年5月に、北海道新聞釧路支社との協力で、新聞梱包用のポリプロピレンのバンド（PPバンド）をカムイウッドに再生することも始めています。それまでカムイでは年間240ｔ使用する廃プラスチックのうち150ｔを道内で回収されたペットボトルキャップで賄い、残りを本州から購入していたのですが、地域で排出された廃棄物を地域内で有効活用し、原料の道内調達率を上げていきたいと考えていました。新聞の梱包用バンドは材質が原料に適しているため北海道新聞社に提携を求めていたのですが、釧路市内にある5つの販売店ではそれまで年間約12ｔのバンドを産業廃棄物業者に依頼して廃棄物として処理していたそうです。今では全量をカムイが週に1回巡回して回収する回収システムの仕組みができあがったという経験もあります。このように、カムイは2005年10月には年間240ｔ使用する廃プラスチックのうちすべてを北海道内から調達できることになり

ました。

　こうした経験の中では、隠れた資源を見つけ出し、再利用することは互いに利益のあることが多い点を実感しました。これまでは、そこがミスマッチであったために、地域内の資源が捨てられていた状況があるのです。地域内で出た廃棄物を、その地域で新しい価値を生む商品に生まれ変わらせることができれば、それは新しいビジネスになります。ペットボトルキャップの活用を通じて、今カムイではそれを実践していると自負しています。

10 木質複合材市場の変化

　カムイウッドのような廃棄物を利用した木質複合材製造は、日本ではアイン社がその技術力を生かしてかなり早くから取り組んでいたといえます。しかし、その後、特に2002年の「建設工事に係る資材の再資源化等に関する法律（建設リサイクル法）」の完全施行によって、特に木材に関しては分別解体し再資源化することが義務付けられ、資源の有効利用、すなわち3R（Reuse：リユース、Reduce：リデュース、Recycle：リサイクル）の観点から、廃木材や廃プラスチックなどを材料とした再生複合材に注目が集まり、有効な再資源化技術や製品素材が市場に多く出回るようになりました。

　木材は、強度の強さや天然の風合いなど、古来から建築材料をはじめとする広い市場で高い評価がなされてきましたが、プラスチックのようにいろいろな形に成形することは困難で、そのような欠点がありました。プラスチック材料は優れた成形性・生産性、均質な品質など利点もありますが、原料コストの高さや強度不足などの欠点があります。この双方の課題を補うのが、木材とプラスチックの複合化といえるでしょう。

　木材とプラスチックの複合材は、約30数年前にヨーロッパで「Wood Plastic Composites（WPC）」として製品化されたのが、その始まりです。日本では1990年代初頭に、住宅販売会社が自社住宅商品の内装用に使用を始めたのが最も初期の導入例といわれています。1997年には屋外デッキ専用のWPC製品が開発・販売されるようになり、その後、木材比率を増加させる方向に進み、現在

ではプラスチックに少量の木材を含むものから、ほぼ等量の混合材料、さらには高い割合で木材を含む材料に至るまで広範囲の木材・プラスチック複合材を選ぶことができるようになりました。これらの成型品は多くがリサイクル材料を原料にしており、環境保全や循環型社会などに向けた社会情勢の追い風にのって、公共事業などで多く採用されるようになっています。そして、日本では2000年を過ぎるころに、屋外用PWC市場が一気に開花したといえるでしょう。

このWPCの技術を元に研究開発されたのが「木材・プラスチック再生複合材〈Wood Plastic Recycled Composites〉」(WPRC)です。特に、近年は資源の有効利用の観点から、廃木材・廃プラスチックを用いた研究開発や製品化が進んでいますが、WPRCはその主原料に廃棄物として発生した木材系の原料と産業廃棄されたプラスチック系原料を再生複合し成型した製品素材です。WPRCは素材として広い分野で製品化されるだけでなく、使用後は回収して繰り返し原料として使用できる素材なので、廃棄物削減や再利用によるリサイクル化が可能な製品素材で、資源保護や環境保全に配慮した持続的発展が可能な社会の形成の一助になるものと考えられています。

このような観点から、2006年4月には、WPRCが「木材・プラスチック再生複合材」としてJIS規格が制定されています。このことにより一定の基準が設けられ、安全性の確保や品質保証など、利用者側に対して、正しい情報を提供することにつながっていると思います。カムイは(社)日本建材・住宅設備産業協会内に設置された木材・プラスチック再生複合材普及部会に所属しており、カムイウッドもJIS規格取得に向けて準備をしています。

現在、木材とプラスチックを原料に作った木質複合材市場には、ミサワホームやYKK、積水など大手企業も参入しており、参入企業は増えてきています。また、それらの製品の機能についてはJIS規格による統一化も進んでいます。ただし、原材料に廃棄物を使用している点については企業によって違いがあります。純粋なプラスチックを原料に使用している企業が多い中で、カムイだけは100％廃棄物を使って製品化しています。この点についてはJIS規格においてもR値（リサイクル材料の含有率）の表示により、どの程度の割合で廃棄物が原料として使われているのかが分かることになっています。
　また、木材・プラスチック再生複合材の市場は全世界に広がりつつあります。2006年の日本の市場規模は約3万tですが、アメリカでは約60万t、ヨーロッパでは約6万t（ともに2002年）といわれ、特に欧米市場の動きが活発です。その背景には森林伐採による地球温暖化の悪化など環境問題に対する高い関心があるのはいうまでもありません。加えて、欧米では資源循環の役割を担う再生複合材を積極的に使用していこうという政策的な動きも見られています。一方、アジアでは経済発展が進む中国での伸びが期待でき、実際にカムイには中国企業から、その技術やこれまでの経緯など、問い合わせもくるようになりました。
　今後、木質複合材市場は国内のみならず、世界的にも飛躍的に市場規模が拡大する可能性があり、その点でもしっかりと世界の動きを見つめつつ、地道な活動をしていきたいと考えています。

11 リサイクル推進、環境認証等の動き

　大量生産、大量消費、大量廃棄型の社会のあり方やライフスタイルを見直し、天然資源の消費を抑制し、物質循環を進めて、環境負荷の低減を推進していこうという政府の循環型社会の形成に向けた取り組みは急速に高まってきています。2001年1月に「循環型社会形成推進基本法」が施行されて、循環型社会形成、リサイクル推進に向けての政策の基本的な枠組みが示され、その後、廃棄物処理法の改正、資源有効利用促進法の改正により、いわゆる3Rの考え方が政策面で取り入れられるようになってきました。それと併行して、個別物品についても規制が進み、「食品循環資源の再生利用等の促進に関する法律（食品リサイクル法）」や「建設工事に係る資材の再資源化等に関する法律（建設リサイクル法）」、「特定家庭用機器再商品化法（家電リサイクル法）」など、わが国では、この10年ほどの間にリサイクル推進に向けたさまざまな法律が制定されています。また、実態的なリサイクルの推進だけでなく、リサイクル製品の利用促進も進められ、公的機関が率先して、環境負荷の低減に資する製品やサービスを積極的に活用しようという「国等による環境物品等の調達の推進等に関する法律（グリーン購入法）」も制定されています。

　こうした動きは国レベルだけでなく、地方公共団体でも見られています。北海道でも法定外目的税「循環資源利用促進税」の導入をはじめ、リサイクル製品認定や同製品のブランド化など、リサイクル製品に対するさまざまな支援が進められており、カムイウッドもリサイクル

製品として高い評価を受けています。北海道では、道内で発生した循環資源を利用し、道内で製造された一定の基準を満たす各種リサイクル製品を認定し、リサイクル製品の利用を促進する「北海道認定リサイクル製品」制度があり、2005年カムイウッドも認定を受けました。さらに、2006年には「北海道リサイクルブランド」の第1回認定として、カムイウッドを含む3製品が認定されています。この認定制度は、北海道認定リサイクル製品を対象に、「優れた特性があるか」「市場性があるか」「信頼性は高いか」「道内の廃棄物等の課題解決に寄与するか」「発展性や将来性があるか」といった観点で評価されるもので、カムイウッドは80以上の製品の中から道内企業で唯一選ばれています。

　リサイクルブランドとして北海道のお墨付きを得たことで、カムイウッドは北海道が行う建設事業の中で、その資材として優先的に活用されるようになりました。それまでも北海道をはじめ地元標茶町、北海道開発局など行政側がカムイの思想を理解してくれ、カムイウッドを公共事業分野で採用される動きはありましたが、現実に

2006年度道産資材活用促進モデル工事で設置されたカムイウッドの歩道柵（道々屈斜路摩周湖線）

は他社との競争の中で難しい側面もありました。それがリサイクルブランド認定によって、優先的に採用されるシステムが生まれたのです。例えば、道産資材活用促進モデル工事（2006～2008年度）という、道内経済の活性化を促進する観点から土木用の道産資材の利用促進とその性能などを検証するモデル事業が創設されています。建設部や農政部、水産林務部など北海道が実施する単独工事で、道産資材を使用して工事終了後に性能などを検証するのですが、環境配慮型のリサイクルブランドとして認定されていると、北海道が行う公共事業で優先的な採用が可能になり、このモデル事業では、弟子屈町の道道の歩道柵などにカムイウッドが採用されています。

　その一方で、こうした方向とは逆行した動きも見られます。例えば、カムイウッドは学校のベンチや防止柵、木道などにも利用されていますが、国立公園内では、カムイウッドを利用することは事実上できないのです。国立公園を管理しているのは環境省ですが、カムイウッドは自然の木ではないため、国立公園内での利用は認められないという理由です。カムイウッドは耐水性が極めて高いことから機能的にも木道などには向いており、地元では是非利用したいという声も多いのですが、国の自然公園管理政策の枠組みの中では難しいという状況があります。地球温暖化防止が叫ばれている中で、自然の木を切って木道を作るよりも、廃棄物をリサイクルして地球環境に貢献していくことがいいのではという地域の思いがかなわない現実があるのです。このように自然環境政策の分野においても、本当に循環型社会を実現させていくためには、どのような国と地方の関係が望ましいのか、その権限分担はどうあるべきか、を地域の立場から実態を踏まえてしっかり主張していくべきだと思います。

一方、地球環境問題への対応、循環型社会の実現に向けての積極的な取り組みは民間企業においても見られるようになりました。例えば、全日空では地球環境にやさしい航空会社でありたいと、国際規格ISO14001認証に基づく環境経営を積極的に推進しています。地域ゼロエミッションを目指すカムイの取り組みにもいち早く注目してくれ、まだカムイの経営が始まったばかりの2004年春には、系列の全日空商事が出している機内販売誌『ANA SKY SHOP』にカムイウッドのフラワーボックスを掲載してくれました。そこには、次の一文が載せられています。「カムイは、地域ゼロエミッションを理念に大学発のベンチャー企業として北海道・標茶町に誕生しました。自力で『環境再生、地域再生』を目指すその企業理念・姿勢に共感する全日空商事は、パートナーとしてその活動を応援しています」というものです。たとえ実績がなくても、明確な環境再生、地域再生という理念をしっかり持っていることで、大手企業から評価され、極めて競争の厳しい航空機内販売誌への掲載も可能になったという経験は貴重なものでした。地方発ベンチャー企業であるが故の大切な価値は、地域にしっかり向き合うことだと教えられる機会でした。

　その後、全日空に搭乗した際に使用された航空チケットを原材料にしたカムイウッドの看板を開発し、全国50カ所ある「全日空の森」に設置するなど、全日空との提携は続いています。

『ANA SKY SHOP』に掲載されたカムイのフラワーボックス

12 環境市場の変化、環境ビジネスの可能性

　このような全日空などの大企業の動きに見られるように、環境問題にしっかり向き合う企業活動というものが、次第に経済社会の中での大きな潮流になってきたように思います。その背景は何でしょうか。国際的には、『京都議定書』の精神にのっとって、二酸化炭素を取り引きする市場も生まれてきていますが、これらの流れは環境問題に対して本格的に取り組むことが経済メカニズムにおいても意味のある、すなわち安定的な収益を目指す企業経営にとって必要不可欠であるという認識が生まれてきたことによるものです。国や地方自治体の政策の分野でもそれらを前提にした施策の展開が出てきています。これからの地域はこれらの民間企業や政府の動きをしっかり見極めながら、自分たちの取り組みとうまく有機的に連携させながら、実践的な循環型社会をつくり上げて行く知恵を持たなければいけません。ここでは、今後の地域産業政策を考えていくために、カムイの活動の経験も踏まえながら、環境と経済という視点から環境市場の変化と環境ビジネスの可能性について眺めていきたいと思います。
　「持続可能な開発（Sustainable Development：サステイナブル・ディベロップメント）」という言葉をよく耳にするようになりました。現代の世代が将来の世代の利益や要求を充足する能力を損なわない範囲内で環境を利用し、要求を満たしていこうとするという理念ですが、国際的にも広く認識され、実践に向けてのさまざまな動きが出てきており、これからの時代において極めて重要

なキーワードでもあります。そのポイントは「環境」と「開発」を反するものでなく、共存し得るものとしてとらえていくことで、結果的に環境保全面、開発面双方で節度ある健全な結果がもたらされるということです。

　持続可能な開発の理念は、1980年に国際自然保護連合（IUCN）、国連環境計画（UNEP）などが取りまとめた「世界保全戦略」に初めて登場しました。高度な経済成長を経験した先進国は、20世紀後半になって地球環境の限界に遭遇しました。最初の試練は、1970年代のオイルショックです。そこで地球資源の有限性や成長の限界を思い知らされました。そして、国連環境開発会議によって「持続可能な開発」に向けての取り組み（1992年）、国連大学によるゼロエミッションの提唱（1994年）、地球温暖化防止京都会議（1997年）と、20世紀の終盤になって、地球環境の限界を踏まえた新たな国際的な秩序づくりに向けて、さまざまな取り組みが見られ、その動きは21世紀になって加速しています。

　こうした環境の価値変化に対する動きを一言で表現すれば「外部経済の内部化」といえるでしょう。従来、環境保全に対する企業の投資は、その私的な利益がコストに比べて極めて小さいためになるべく少なくしようという発想になりがちでした。例えば、企業が公害対策で投資をしても、そのコストは利益に直接つながるものでなく、義務として行うものですからなるべくコストをかけないようにしようという意思が働くわけです。何とかうまく処理しようという消極的な姿勢になるのです。投資による利益が企業にもたらされることなく、社会一般に分配、還元されてしまうことから、しっかりお金をかけて環境を守ろうという意思決定にはつながらなかったのです。すなわち環境問題の解決については、経済のメカ

ニズムではなく外部経済の問題として、政府部門の公共政策として進められてきたということです。

しかしながら、環境対策を市場原理の外側に置いているだけでは、構造的な環境問題の解決にはつながらないという批判や新たな考え方が出てくるようになりました。その象徴的な例が、地球温暖化対策に見られる二酸化炭素の排出権売買の動きです。これは環境コストの負担を積極的に市場メカニズムに組み込んでいこうとするもので、市場原理に沿って活動することが、環境を守ることにつながる仕組みが生まれてきたのです。環境を守ることがビジネスになり、企業の収益を直接もたらすことができるようになったのです。大手商社が世界中を駆け回って排出権の取り引きを行うことが商社の売り上げを伸ばすことでもあり、それが結果として地球温暖化を防止し地球環境を守ることにつながるというシステムです。市場メカニズムというのは、人間のやる気と意欲を高めて総体としての経済的富と幸福な生活をもたらすという仕組みですが、その仕組みに環境問題の解決を組み入れ、内部化したことの意義は大きいと思います。エコロジーを考えることがエコノミーにつながるというコマーシャルを最近見かけますが、まさにその通りです。さらに、環境市場を考えていく上で大切なことは環境政策やルールづくりです。環境ビジネスが生まれるチャンスは、新たな環境規制が出てきたときだといわれます。ダイオキシンの排出規制がスタートしたことによって、ダイオキシン対策の廃棄物処理施設を作る環境関連ビジネスが高収益を上げるようになったというのはその例です。カムイの経験でも、北海道の政策によってリサイクル認定製品という認証制度とその認定製品を優先的に使用するモデル工事制度ができたことによって北海道の公

共施設にカムイウッドが積極的に使われる契機になり、売り上げにもつながったのです。
　一方でグリーンコンシューマーと呼ばれるような消費者の大きな意識変化も大切な動きです。環境に配慮したモノや製品、取り組みに対して価値を見出す消費行動が出てきています。例えば、ハイブリッド車が売れる背景には、燃費や性能に加えて環境に対して配慮するユーザーの姿勢があります。
　また、「エコファンド」に代表される、投資市場における環境への取り組みに積極的な企業の評価が高まっているという動きもあります。例えば、米国ではSRI（社会的責任投資）という考え方が定着してきており、環境問題への対応など社会貢献度の高い企業に投資しようという動きが出てきています。現実に、SRIの先駆者であるエイミー・ドミノ氏の開発したファンドは常に市場平均を上回る価格を付けているといわれています。日本でも最近はエコファンドの利回りが高くなってきています。環境問題にしっかり向き合う、積極的に社会貢献する企業にお金が集まる時代になってきているのです。
　もちろんこれらの動きは急速なものではなく、緩やかなものです。カムイの経験からも、一般の消費者がコストよりも環境を選ぶかというとまだまだ価格で判断されることが多いのも事実です。しかし徐々にではありますが、カムイウッドを使うことで環境に配慮していきたいという思いを持った人たちも出てきています。企業の利益追求行動の外側に置かれていた環境への対処が、経済的な合理性を追求することにつながるという市場メカニズムの変化は、次第に経済社会全体の意識にも浸透してきていることを実感します。カムイの理念とする地域ゼロエミッションは、地域の環境を守ることで地域の経済

的な発展を目指し、持続的な地域社会をつくることですが、その考え方は今や世界経済の大きな潮流でもあるような気がします。環境を通じて地域社会に貢献することが新たな成長力を生み出す時代になっているのです。

● 環境市場の変化、環境ビジネスの可能性

13 カムイの経営課題と今後の可能性

　本章での最後にカムイの経営上の課題と今後の可能性について触れておきたいと思います。

　まず、経営上の課題については資金面の課題が最も大きいといえます。カムイが本格的な経営に入っていったのは2004年度からで、今年度で4年目に入ります。その間の業績については、内容はカムイウッドの製造、販売が主ですが、2004年度8千万円から2006年度1億3千万円と着実に売り上げを伸ばしてきています。しかし、会社設立の際に集めた資金の多くが借入金のため、経常利益ではわずかに赤字となっています。社長以下兼務の取締役のすべて全員が無報酬で経営に当たっているほか、先に紹介した縁故私募債の購入者の一部の人たちが、社債を株式に転換して出資金を増額してくれるなどできる限りの努力を続けているのですが、借入金に依存している構造からの脱却にはかなりの時間を要することになりそうです。

　今後、業績をしっかり伸ばしていくためには商品開発、営業体制の強化等に資金を投入していく必要があります。カムイウッドの生産能力はまだ十分な余力があることから、事業を安定化させるためには現在の北海道内での公共物件中心の業績から脱し、北海道外の市場にもっと販路を広げていかなければならず、そのための営業販売体制の拡充が必要です。また、商品開発も必要で、現在の建材というジャンルから枠を拡げ、例えばデザイン性の高い木質感のある椅子・テーブル・書棚等の家具類の商品開発などを家具メーカーと共同で進めていくよう

なことにも挑戦していきたいと検討を進めようとしています。しかし、資金面での制約のため思うように積極投資できないのが実情です。金融機関からは資金返済を優先させられるために、ギリギリの体制で臨むほかなく、そこが悪循環となってしまっているのです。これは個々の金融機関の問題というよりも金融政策の問題だと感じています。日本の産業発展、地域経済の発展のために新規起業に積極的に挑戦するベンチャー企業を本当に育てていこうとするのであれば、その基盤となる長期資金の供給を金融機関が促進するような仕組みをしっかり金融政策としても構築すべきですが、わが国の場合はそこが中途半端なような気がします。ベンチャー企業を育てる立場の経済産業政策としてさまざまな施策メニューが打ち出されていますが、肝心の資金面での金融政策への関与は弱いようです。産業政策サイドから金融政策への所管機関に対してしっかりものをいうべきだと私は思っています。実はこの問題は、全国の多くのベンチャーが直面している課題でもあります。先日も大学発ベンチャー企業の集まりがありましたが、そこで出された経営上の課題の多くが資金面の課題でした。長期的な視点で企業の発展を支えてくれる資金援助システムが不可欠だという声が多くのベンチャー経営者から出されているのです。(第Ⅱ章「5の(2)銀行の役割」参照)

次に、カムイが取り組んでいる環境ビジネスの分野の可能性について触れたいと思います。先ほども述べたように、カムイウッドのような木材・プラスチック再生複合材の世界的な市場動向を眺めると、欧米を中心に市場規模の拡大は飛躍的に進んでいます。その意味では日本の市場はまだ遅れていると見たほうがいいように思います。しかしながら、欧米での市場の伸びが、各国政府の

地球温暖化対策の下での需要の伸びであることを勘案すると、今後地球温暖化対策に向けての世界各国の取り組みの足並みがそろうような状況が本格化すれば、わが国における市場拡大の動きも近い時期に到来するかもしれません。

　カムイのビジネス活動の特徴は、地域ゼロエミッションの強い理念を掲げて、徹底した環境循環システム構築を目指した地域社会貢献型の企業活動を展開していることですが、その経営姿勢が公共部門を中心とする市場において評価されて次第に受注につながってくるようになりました。先にも述べたように、カムイウッドの特徴は、建設廃材・カラマツの間伐材・ペットボトルのキャップ・新聞梱包用PPバンドなどすべて地域内で排出された廃棄物を使用していることですが、これらは収集、回収に大変手間がかかるもので、それはコスト増にもつながります。しかし、カムイは目先のコスト減よりも地域内循環を実現することを大切にしています。その姿勢は、独自の水を使わない廃プラスチック洗浄システムの採用で水質汚染の防止に努めたり、シックハウス症候群の恐れがない建材など、さまざまな面での環境配慮の取り組みにも見られますが、それは、これからの時代の市場ではそのような企業経営が評価され、その企業製品が高い価値を持つものとして企業価値を高めていくことにつながると考えているからです。

　また、カムイは地元の標茶高校と連携した環境教育の取り組みや、豊かな海の再生に向けた取り組み、市民運動と連携したペットボトルキャップのリサイクル回収、「全日空の森」との連携など多くの地域社会活動にかかわってきていますが、それらはすべて収益を目的とした活動ではありません。しかし、それぞれ地域社会の大切

な活動であり、そうした環境を通じた社会活動にしっかり向き合い、貢献していくことが、これから地域企業として価値を高めていくことであると考えています。そして、それが長い目で見れば市場で勝ち抜いていく地方の戦略でもあると思っています。

　カムイのビジネス活動については、地域の環境を守りながら地域社会の発展に貢献していくという企業活動の姿勢が、国や北海道など公共部門の市場で評価に結び付く動きが出てきています。今後は、その公共市場での評価をさらに幅広く民間部門の市場に結び付けていくことを目指していかなければならないと考えています。

第Ⅱ章　地域自立の産業政策
　　　　―循環、信頼、連携による地域創造―

1　地域経済をめぐる環境変化と地域政策の転換

　ここからはカムイの経験を通じて、地域が主体的に産業創出を進めていくための自治体の政策のあり方について、特に地域内循環、さらに地域内連携という観点から考えていきます。

　カムイの取り組みでは、地域内の廃棄物、いわば価値のなかったものを新たな産業資源として地域発展につなげていく地域ゼロエミッションという理念を大切にしながら活動を展開してきましたが、それは地域の資源をしっかり地域内で循環させていくことで価値を高めていこうという考え方といえます。ここからは、地域循環というキーワードで地域経済、地域政策のあり方を考えていきます。特に、地域資源、資金を効果的に循環活用していくことが、地域内での投資、消費を高めて、地域経済の力を強化していくことになるという考え方を理論的な面および実践的な事例から紹介していきたいと思います。

（1）自立への険しい道

　地域の経済力を自力で高めていくことは大変困難な道です。ここまで政府の財政環境が逼迫し、公共投資はじめ地方への財政資金の投入が削減されてきている中で、地域が活性化していくためには、もはや困ったから国に

助けてもらうとか、外部資本の誘致頼みで発展が遂げられる時代ではなくなってきました。しかも、自治体財政も困窮してきている中で、どうやって地域が自立していったらいいのか。どうやって地域が自らの力で経済力を高めていくのか。その処方箋は実はよく分からないというのが正直なところではないでしょうか。

　自由主義経済の下で経済力を高めていく主体はあくまでも民間企業であり、政府部門の役割は限られています。特に、地方自治体については住民の身近な生活行政としての政府活動が中心で、地域経済全体の振興や産業政策を主体的に展開していくという発想や実践は少なかったといえるでしょう。困ったらその時は国に頼んで解決してもらうという思考が強かったように思います。しかし、21世紀に入ってから国によって進められてきた構造改革政策において地方へ出されたメッセージは、もはや国に頼ることはできない、生けるものは自らの知恵と力で生き抜けという声です。

　第Ⅰ章で紹介してきたカムイの取り組みは、そのような状況の中で、地域が自力で新たな産業を起こして、自分たちの力で地域に雇用の場を創出していこうという必死の挑戦でもあります。そこで、その経験を踏まえながら、地域が主体的に地域の活性化を進めていくためにどのような産業政策を展開していく必要があるのか、そのためにはどのような視点で政策検討を進めていけばいいのかということを考えていきます。まず、地域経済、地域政策を取り巻く環境の変化を概括した後に、地域の持っている内在的な力を高めていくという観点から、地域循環という視点、そして、地域内の信頼と連携の強化という2つの視点で考えていきます。

　地域内の循環や連携を強めることは、地域の足元をし

っかり見つめ直すことで、地域の内なる力、自分たちの地域の持っている新たな力と、隠された力を創出していくことにつながり、これからの地域政策を構築していく上で大切な視点です。いつの間にかわれわれは自分たちの足元を見つめる力が弱くなってきているように感じます。ここではそれらについてより実証的、科学的な分析を心がけながら解説するとともに、実践的に北海道で進められている、「産消協働」運動という産業政策についても紹介していきたいと思います。

（２）国の地域政策転換の動き

既に述べたように地域経済を取り巻く環境は、現在大変厳しい状況にあります。その大きな原因は、今まで地域経済を支えてくれていた政府財政が大変困窮してきていることです。戦後、国の財政が逼迫したことは何度かありますが、地方交付税の削減や公共投資の縮減によって、ここまで地方部の地域経済が地方の財政とともに大変厳しい状況になってきたことは今まではなかったことです（図２−１−１）。

図２−１−１　減少する公共投資
　　　　　　（北海道における公共工事請負金額の推移）

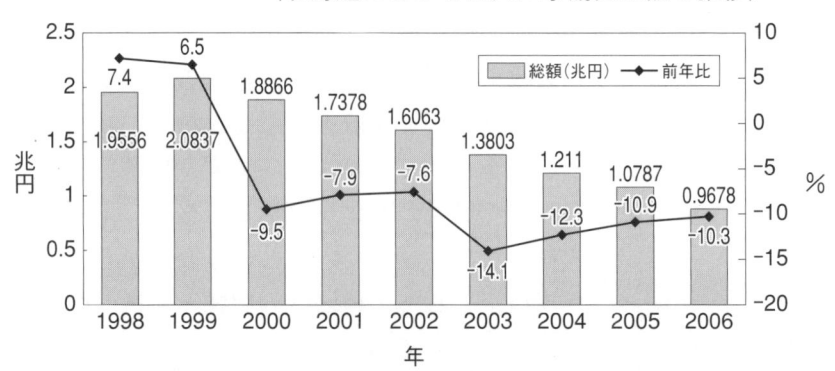

年	総額（兆円）	前年比（％）
1998	1.9556	7.4
1999	2.0837	6.5
2000	1.8866	-9.5
2001	1.7378	-7.9
2002	1.6063	-7.6
2003	1.3803	-14.1
2004	1.211	-12.3
2005	1.0787	-10.9
2006	0.9678	-10.3

※北海道建設業信用保証株式会社調べより作成

特に、地方財政環境がこれまでになく厳しい状況に追い込まれ、地方部の小さい地方自治体においては、税収の伸びがない中で、地方交付税の大幅な削減が続き、自治体の存続にも危機感を抱くところが多く見られています。そのような状況下で市町村合併への対応や行財政改革に追われる日々ですから、自治体には疲労感も強く、前向きな政策論議や検討がなかなか進まない状況が続いています。

　今までは、地方が困れば国が何とかする、国が責任を持って対策を講じるという図式がありました。地方の景気が悪くなると景気対策として公共投資を行う、年度途中でも補正予算を組んで追加投資するという政策が長年続いてきたのです。1990年代までの国の予算を見ると、景気対策として補正予算を組むことは毎年のように続けられてきました。これは国の政府の責任として、いわば伝統的な政治手法として定着してきたものです。そして、このような景気対策的政策手法によって地域経済の安定は比較的長い間支えられてきたといえます。

　こうした政策が地域経済の安定的な発展に結び付いたかどうかについては慎重に見極めなければいけません。社会資本整備の本来の目的は、民間が活発に企業活動していくための下支えとしての港や道路、空港、下水道等の社会インフラ整備にあり、その過程でもたらされる公共投資の経済波及を前提にした地域産業構造が安定化するというのは決して望ましいことではありません。それどころか「体質改善」を遅らせることにもなりかねない側面があります。したがって、今後は公共事業のような政治的「ばらまき」による特効薬を期待することは、地方としては本道ではないと考えます。あくまで地方分権による権限強化によって本当にやりたいことをやる自由

度を獲得しながら、自立、再生の道を探っていくべきでしょう。

さて、国が地方に対して行ってきた地域政策の変化について、さらに具体的に眺めていきます。例えば、ある特定の業種が集中している地域が、その業種が国際環境の変化により不況に陥ると、特定不況業種対策という名の元に、その業種を抱えた地域を救済する政策を経済産業省などが地域産業政策として展開してきました。私も1990年代末まで霞ヶ関の中央行政で地域政策に長くかかわってきましたが、地方が困れば国が何とかしなくてはいけないという責務が、政治のレベルでも行政の現場レベルでも常にあったと感じています。しかし、そこが小泉純一郎政権になって構造改革政策によって大きく政策転換したのです。

その事例を1つ挙げると、石炭を産出していた地域で、エネルギー転換により石炭鉱業が不況になったことからその地域振興策を国が支援するために、産炭地域振興臨時措置法によって産炭地域振興策という政策が経済産業省により長年にわたって進められてきたことです。法律の名前には「臨時」とありますが40年以上の長期にわたって進められてきた地域政策です。私が住んでいる釧路地域も含めて、石炭の生産地域であったところは、エネルギー政策の転換の中で基幹産業を失い、地域が疲弊していくことに対して、産炭地域振興対策というかなり手厚い地域振興政策が長い間進められてきました。実は、それが小泉構造改革の中でそれほど多くの議論や反発もないままに終止符を打ってしまったのです。北海道では2006年に夕張市の破綻という衝撃的な出来事を経験しましたが、夕張問題の背景には、長年にわたって進められてきた産炭地域振興政策があり、それらの国による手厚

い地域対策を受けとめる地域の側の地方財政問題という構造が根底にあります。夕張問題を理解するためには、地方財政の厳しさの中から出てきた象徴的な出来事という側面とともに、国の産炭地域政策の転換という側面を認識しておく必要があります。それまでの地域政策であれば、救済支援策を失うことになる地域の政治家からの反対などもあり、そう簡単に政策を終えるということは難しかったのですが、産炭地域振興対策はじめ新産業都市建設促進法など戦後長く続いてきた国が地域を支援する多くの特別政策がこの時期に終止符を打ってしまったことは象徴的といえるでしょう。

(3) 地方分権と地域からの提案

このように、今や地方が困った時に、何とか国が面倒を見てくれる、必ず救済してくれるという時代ではなくなってきたのです。これは地域政策をめぐる大きな政策転換であると同時に、時代の流れです。もう国には頼れません。地域がこれから活性化し、自分たちの地域が発展していくための地域産業政策というものは、地域が主体的に創出して、自分たちの力で取り組むべきだといえるでしょう。自前の地域産業政策、雇用政策を打ち立てていく、しっかりとした雇用の場を地域の中で創出していく、あるいは雇用が失われないように、維持していくための仕組みを考える。そういう地域政策というものを、地域主体で担っていかなくてはならない。そういう時代になってきたのです。

そこで大切なのは地方分権です。地方分権というのは受け身で待っていても権限が降りてくるものではありません。もし、降りてきたとしても、それはややもすれば厄介な仕事か国が必要ないと考えている権限である可能

性が高いのです。そこには地域からの明確な主張がなければいけません。そして明確な主張をしていくためには、明確な政策を構築し提示して、その権限移譲を主張していく必要があります。

　夕張問題で象徴されるように、地域自らで責任を持ってやらなければ、これからの時代、国の支援は当てにすることはできません。その中で、どういう形で、地域が自ら、地域産業政策を展開していくのかが今まさに問われています。今まで地方自治体の政策の中に、本当の産業政策、自分たちの力で新しい産業を起こし、そこで安定した雇用を創出し、地域で暮らしている人たちが仕事に就けるようになる、そういう政策スキームはなかったといったほうが正直だと思います。やっているフリはしていたかもしれませんが、経済政策といい、産業政策といい、本当のところは国の政策に頼ってきたというのが正直なところでしょう。もちろん、国の産業政策がそんなにうまく展開してきたのかというと、必ずしもそうではありません。ただ、少なくとも、国の政策に頼ってきたことは事実です。しかし、これからは国も当てにはできません。自分たちの力で産業政策を、これからどういう形で展開していけばいいのかということは、実は自治体政策の大きなテーマです。それに向けて、どのように考えて、どのような政策を進めていけばいいのか。もちろん簡単な方法があるわけではありません。そこで、次にどのように考えて政策を打ち立てていけばいいのか、その考え方について述べていきたいと思います。

② 地域を見つめる力、地域経済と域内循環

（1）産業連関分析で見る地域経済構造

　これからの地域政策を考える際に地域循環という視点は大変重要です。第Ⅰ章では環境負荷の低減に向けた物質循環という視点での循環型社会に向けた動きや実践的な取り組みを見てきましたが、ここでは地域経済全体の循環について考えていきます。これからは地域経済を見つめる視点として、モノやお金、さらにサービスも含めて地域内でどれだけ循環しているか、どれだけのお金やモノが外に漏れているか、あるいは廃棄されてしまっているかという観点で考え、政策を組み立てていくことが大切です。また、そのような思考を地域の人たちが共有することで実は地域経済の力が高まっていくということを説明していきたいと思います。

　まずは地域循環、地域の中のものを消費すること、地域の貯蓄を地域内で再投資していくことの意義を理解していただくために、具体的な北海道経済の構造から見ていきます。地域内で生産されたモノ、サービスが地域内でどれくらい消費、投資にまわされているかという地域内自給の割合という観点、その自給率が地域経済の力にどのように影響を与えているかという点にポイントを置いて見ていきます。

　北海道では製造業部門が弱いという産業構造の脆弱さに加え、公共投資の減少などもあって経済状況の低迷が続いています。さらに人口減少時代に直面する中で、これまでのようには消費需要の増加を見込めない時代にな

ってきています。一方、北海道の産業構造を他地域との移輸出入に焦点を当ててみると、地域内の需要が外からの輸移入で賄われている割合が高い、いわば域内需要が外に漏れやすい構造になっています。

「平成10年延長産業連関表」(北海道開発局)で北海道の自給率（北海道内の需要をどれだけ北海道で生産されたモノ、サービスで賄っているか）を見ると76％となっています。1990（平成2）年には79％でしたから、8年間で3％程度下がっていることになります。自給率3％の低下というのは地域経済にとっては大変大きな数字です。しかも、この間に産業構造は自給率の高い3次産業へ大きくシフトしてきていることから、北海道においては1次産業と2次産業における自給率が大きく低下していることになります。これを産業別に分析してみると北海道に優位性がある食品加工や木材木製品で低いという意外な結果が出ています。北海道の水産加工品に北海道で獲れた魚が使われなくなってきているのです。

図2−2−1　自給率向上による経済・雇用効果の試算

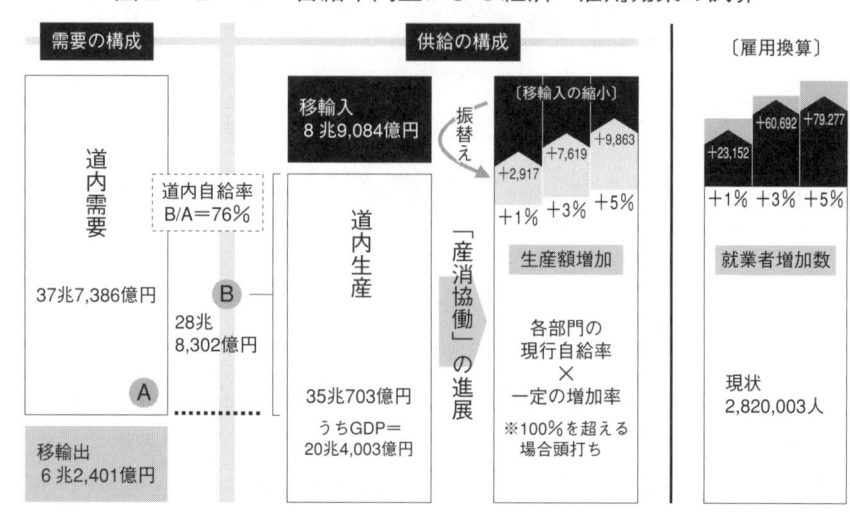

需要の構成	供給の構成	〔雇用換算〕

需要の構成
- 道内需要　37兆7,386億円
- 道内自給率 B/A＝76％
- Ⓐ
- Ⓑ　28兆8,302億円
- 移輸出　6兆2,401億円

供給の構成
- 移輸入　8兆9,084億円
- 道内生産　35兆703億円　うちGDP＝20兆4,003億円
- 振替え →「産消協働」の進展
- 〔移輸入の縮小〕 +2,917 / +7,619 / +9,863
- +1％ / +3％ / +5％
- 生産額増加
- 各部門の現行自給率×一定の増加率
- ※100％を超える場合頭打ち

〔雇用換算〕
- +23,152 / +60,692 / +79,277
- +1％ / +3％ / +5％
- 就業者増加数
- 現状　2,820,003人

北海道全体の地域経済構造を生産と需要(消費・投資)で見た場合、いつの間にか、北海道内で生産されたものが北海道では使われなくなってきていること、その分消費が外に漏れてしまっていることが分かります。これは経済のグローバル化の流れが地域の生産者や消費者の活動に浸透し、さらに意識、行動にまで影響を与え、足元の地域に向き合う機会が次第に薄れてきているといえます。個々の企業から見れば資材や材料の購入が地域の中か外かというのはそれほど大きな問題ではないでしょうが、地域経済全体の活力の維持という点から見れば域内循環を生み出さない外への消費漏出を食い止めるのは大事なことです。ちなみに、均衡産出高モデルを利用して試算してみると、自給率が１％上がると、生産額で約2,900億円、雇用者数で約２万３千人が増加する計算になり、３％増加すれば、６万人を越える雇用が生まれることになります（図２－２－１）。

　もちろん、これは机上の計算ですが、ここでいいたいことは、地域経済の力を高めていくためには、外からたくさん稼いでくるとともに、地域内での消費、投資に積極的に地域内で生産されたものを使うことを心がけることも大切であるということです。1990年時点では、北海道は79％の自給率だったわけですから、自給率を３％増加させるというのは決して不可能な数字ではありません。それを目標としながら、域内循環を少しでも高めながら地域の生産力を高め、そして地域経済の力を増していこうという考え方、方法論があることを理解していただきたいと思います。

（２）公共投資３割減でも経済効果は同じ

　日本の地方部、特に北海道は公共事業依存型経済とよ

図2－2－2 限られた需要を地域のストックと完全連関した場合の雇用効果比較［建設投資のケース］

※産業連関表の均衡産出モデルにより生産誘発効果を算出、これに産業別雇用係数を乗じて雇用誘発効果を算出。

【自然体ベース】

部門（33部門）	建設投資（百万円）	自給率	直接・一次生産誘発	二次生産誘発	総合生産誘発	雇用誘発数
耕種農業	0	0.638	26	60	86	15
畜産	0	0.945	8	30	38	
林業	0	0.821	40	6	46	4
漁業	0	0.730	3	15	18	3
石炭	0	0.174	2	1	3	6
その他の鉱業	0	0.335	84	6	90	
と畜・肉・酪農品	0	0.678	10	42	52	
水産食料品	0	0.367	3	24	26	
その他の食料品	0	0.575	31	196	227	
繊維	0	0.155	6	15	21	
製材・家具	0	0.451	188	9	197	
パルプ・紙	0	0.568	42	19	61	
出版・印刷	0	0.603	38	33	71	
化学製品	0	0.151	14	14	27	82
石油・石炭製品	0	0.535	109	50	159	
皮革・ゴム	0	0.084	2	2	5	
窯業・土石製品	0	0.697	444	8	452	
銑鉄・粗鋼	0	0.835	33	0	33	
鉄鋼一次製品	0	0.280	69	1	70	
非鉄金属一次製品	0	0.003	0	0	0	
金属製品	0	0.491	410	12	422	
機械	0	0.121	23	25	48	
その他の製造品	0	0.256	56	17	73	
建設・土木	10,000	1.000	10,076	39	10,115	811
電力・ガス・水道	0	1.000	172	153	325	8
商業	0	0.726	666	599	1,264	148
金融・保険・不動産	0	0.978	399	803	1,202	37
運輸・通信・放送	0	0.834	621	346	967	72
公務	0	1.000	9	18	27	3
公共サービス	0	0.989	95	300	395	241
サービス業	0	0.830	1,199	659	1,858	
事務用品	0	1.000	20	9	29	
分類不明	0	0.857	50	20	69	8
合計	10,000		14,945	3,531	18,476	1,436

直接投資先及び中間投入材を道内から100％調達した場合

※1 現実には自給不可能な部門の自給率が高まるのではなく、自給可能な地域資源に代替されるイメージ。
※2 フロー効果のみであって、地域産業の育成・競争力の向上、環境負荷の軽減等によるストック効果は含まない。
※3 産業連関表上、建設業は自給率100％扱いとされているが、実態の道内建設業受注率を考慮してその分を高めると効果はさらに増大する。

【完全自給ベース】

部門（33部門）	投資額（百万円）	自給率	直接・一次生産誘発	二次生産誘発	生産誘発額	雇用誘発数
耕種農業	0	1.000	63	182	244	41
畜産	0	1.000	20	70	90	
林業	0	1.000	128	19	147	13
漁業	0	1.000	10	51	61	10
石炭	0	1.000	21	9	30	26
その他の鉱業	0	1.000	340	54	394	
と畜・肉・酪農品	0	1.000	23	94	118	280
水産食料品	0	1.000	12	96	108	
その他の食料品	0	1.000	86	482	568	
繊維	0	1.000	78	185	263	
製材・家具	0	1.000	488	46	535	
パルプ・紙	0	1.000	137	90	226	
出版・印刷	0	1.000	99	98	197	
化学製品	0	1.000	229	217	447	
石油・石炭製品	0	1.000	275	151	426	
皮革・ゴム	0	1.000	48	45	93	
窯業・土石製品	0	1.000	684	27	711	
銑鉄・粗鋼	0	1.000	265	23	288	
鉄鋼一次製品	0	1.000	410	36	446	
非鉄金属一次製品	0	1.000	154	27	181	
金属製品	0	1.000	906	58	964	
機械	0	1.000	293	383	677	
その他の製造品	0	1.000	285	135	420	
建設・土木	10,000	1.000	10,117	69	10,185	819
電力・ガス・水道	0	1.000	299	260	559	15
商業	0	1.000	1,140	1,193	2,332	281
金融・保険・不動産	0	1.000	605	1,166	1,771	55
運輸・通信・放送	0	1.000	964	645	1,610	119
公務	0	1.000	18	28	46	4
公共サービス	0	1.000	183	447	630	380
サービス業	0	1.000	1,740	1,180	2,921	
事務用品	0	1.000	30	18	48	
分類不明	0	1.000	101	53	153	17
合計	10,000		20,252	7,635	27,887	**2,059**

同じ消費額で43.4％の雇用増
（＝70億円の消費で左記の雇用を確保可能）

●地域を見つめる力、地域経済と域内循環

くいわれますが、次に建設投資の例で眺めていきます。仮に北海道で100億円の建設投資があった場合の地域内経済波及効果と雇用効果を、実際に使われている中間材調達等を前提にした場合、いわゆる自然体ベースの場合と、仮に自給率を100％にした場合とで比較してみたのが図2－2－2です。

　実際の自然体ベースでは2次生産誘発を含めた総合生産誘発効果は185億円、雇用誘発数は1,436人ですが、自給率を100％にすると総合生産誘発額は1.5倍の279億円、雇用誘発数は1.4倍の2,059人となり、逆算すると建設投資が7割減っても、自給率を100％にすることで、現在と同じ経済効果、雇用を確保できることになります。

　これもあくまで机上の計算ですが、個々の建設業者がなるべく域内で自給できるものを意識して使っていけば、各企業の生産高、売り上げは変わらなくても、地域全体の生産力が上がり、地域としての雇用が増えることは明らかです。投下される事業費が変わらなくても、地域内の資源を活用することを心がけることで、地域経済への波及効果が高まり、新たな雇用も生まれるという地域循環の大切さを理解していただくために試算したものです。

　公共事業費の大幅な削減に見られるように、今後厳しい政府財政状況の中で地方が政府資金に依存していくことは困難です。このような状況の中で、限られた資金を有効に地域経済の活性化に結び付けていくためには、地域と向き合いながら地域内資源を有効に活用し、域内循環を高めていくという姿勢がこれからの政策構築にとっては重要な視点でしょう。

3 「産消協働」─生産者と消費者の信頼関係の再構築─

(1)「産消協働」とは

　次に「産消協働」という北海道で進められている産業政策について説明していきます。耳慣れない言葉でしょうが、北海道で始まった産消協働は、生産者と消費者がしっかりと向き合って緊密な連携を取りながら、地域にある人材や資源をできるだけ地域内で消費、活用することにより、域内循環を高め、地域の産業起こし、雇用創出につなげていこうという地域主体の産業政策であり、道民運動として展開されているものです。

　産消協働という言葉には違和感があるかもしれませんが、要は食の「地産地消」を地域内の製造業やサービス業などすべての産業に広げていこうという考え方です。持続的に域内循環を高めていくためには、地域内の生産者と消費者がお互いに緊張感を持って向き合って、そのプロセス（過程）で新しいニーズや課題の発見、さらに解決方策を共有し合うことが重要であるということから、生産者の「産」と消費者の「消」に、協働を結び付けたものです。産消協働は、決して地元品愛用というだけの保護主義的な政策でもありません。よく誤解されるのですが、決して我慢して地元のものを使うということではなく、ましてや内向きの閉鎖的な地域経済をつくることではありません。逆に、地域内で生産者と消費者の信頼関係を基礎にした内なる力を醸成して、対外市場でも競争力を持つ、内と外のバランスのとれた力強い地域経済を目指すものです。

産消協働は、地域が主体となってより質の高い、競争力のある地域産業をつくり出し、そこから安定的な雇用を創出し、地域の自立的、持続可能な発展を目指していこうという政策です。従来の産業立地・誘致政策や、産学連携等によって起業化を目指す産業政策を排斥するものでもなく、それらと共存しながら別の視点による、地域内の生産者と消費者との柔軟な信頼関係の構築によって地域経済の力を高めていこうという、いわば「もう1つの地域産業政策」ともいえるものです。

　先述のように、産消協働は地元のものを無理して我慢しながら使うことでも、自給自足の地域経済を目指すことでもありません。産消協働の重要な意義は、生産者と消費者が協力・連携しながら信頼関係を築くことにより、質の高い産品を生産し、地域ブランド力や競争力を高めていこうというものです。現在消費者は買い物をするときに、価格だけではなく安全・安心、環境への配慮などを総合的に判断して購入するようになってきました。例えば、食の分野においては、O157、BSE問題などにより、「食の安心」への関心が非常に高まってきています。食品への不安要因をデータで見ると、輸入農産物等がトップで、次に農畜水産物の生産過程での不安となっており、流通、小売段階などに比べれば生産過程への消費者の不安が非常に高くなっています（図2−3−1）。

　このような顔の見えない産品に対する不安がある中で、地元産品への関心が高まってきています。もはや単に地元産品だからという理由だけで選ばれる時代でもありません。求められているのは、生産者が消費者に納得してもらえる生産過程をしっかり見せながら品質の向上を目指していくことであり、これは消費者が生産者を磨

図2－3－1　食品に対しての不安

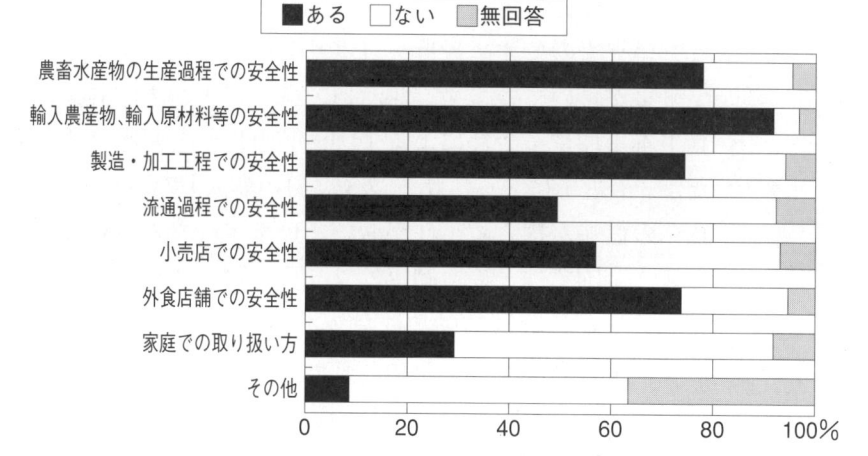

■ある　□ない　▨無回答

- 農畜水産物の生産過程での安全性
- 輸入農産物、輸入原材料等の安全性
- 製造・加工工程での安全性
- 流通過程での安全性
- 小売店での安全性
- 外食店舗での安全性
- 家庭での取り扱い方
- その他

資料：2003年度食料品消費モニター第1回定期調査（農林水産省）
モニターは全国主要都市に在住の一般消費者1,021名

く過程でもあります。そして、身近な地域内でこそ、生産者が消費者としっかり向き合い、それが展開していけるのです。地域の消費者のニーズに応え、指摘を受けることによって、生産者がより大きな競争力を身に付け、個の企業者としても発展し、地域経済全体も活性化していくことを目指す、決して内向きの保護政策ではありません。

　一方、消費者の側も、価格が少し高くても、地元産品を購入すれば地域内にお金が循環することで地域経済が潤うことを意識し、地域の生産者に目を向けながら購買活動を進めていくことが大切です。そのことが結果的には、域内の安定需要を高めて価格を下げることにもつながり、足腰の強い地域経済をつくり上げていくことになるのです。各地で展開されている「地産地消」の取り組みについてもこのような観点での理解が加わることによって、一層力強いものになっていくと思われます。

●「産消協働」──生産者と消費者の信頼関係の再構築──

産消協働の底流にある考え方は、地域の経済活動における信頼関係の再構築によって地域の価値を高めていこうというものです。最近、日本社会の安心構造が揺らぐ出来事が続いています。北海道では、過去、雪印乳業の食中毒事件や子会社による牛肉偽装事件などが起きましたが、最近ではミートホープや「白い恋人」の事件など、食への信頼が揺らぐ事件が続いています。食の分野以外でも、全国では三菱自動車のリコール隠し、耐震強度偽装事件など、経済活動、社会生活のシステムも含めて、信頼して行動することを躊躇させるような事件が頻発しています。これらに共通する図式は、経済原理を重視する余り、いつの間にか生産する側と消費者・ユーザー側との距離が離れ、相互の信頼関係が崩れてきているという姿のような気がします。不安の多い社会は、さまざまな規制や監督が増え、政府コストが多くかかる社会です。現在の構造改革政策のような小さな政府を目指す動きとは逆行するものです。信頼社会の構築に向けて、どのような経済システム、社会システムがふさわしいのかというテーマは、これからのわが国の大きな政策課題だと思われます。そのためには、目の届く地域やコミュニティをベースに、地域に根ざしたレベルから信頼社会の基盤を醸成していくことが大切ではないかと思います。そして、そこに産消協働の意義があるように感じます。生産者と消費者が向き合い確認し合うことができる地域空間の中で、生産者と消費者が、また生産者同士、消費者同士が新たな協働関係をつくり、そこに信頼ネットワークが形成されていくことで、地域経済の好循環がもたらされ、活性化し、地域全体の価値が高まっていくことにつながるでしょう。

　産消協働は地域が主役の産業政策です。北海道の経済

政策を所管する部局が検討を進め、その後知事政策部という北海道の政策全般を担う部署が窓口となって進めていますが、政策をつくる主体は「道民会議」という仕組みで進めてきました。実践的な市民活動や、企業活動に携わっている人たちが積極的に主体的に政策づくりに関与するとともに、道民運動という幅広い人たちを巻き込む形で政策展開されてきているのが産消協働という政策の特徴といえます。従来の産業振興政策は、国や地方自治体が主導し、その政策手法は補助金・税制・金融面で生産者・企業側を支援するものでしたが、これから地域が主体的に取り組む産業政策については、政策づくりから実践まで行政部門と住民・民間・市民団体が一体となって取り組んでいく機動的な体制が必要であり、権限や予算だけに頼らない地域運動としての展開手法も大切でしょう。

　現在、世界的に大量生産、大量消費というこれまでの経済を牽引してきたシステムが限界にきている中で、例えばイタリアのスローフード運動、フランスのAOCなどの原産地認証制度に見られるような地域に根ざした新たな価値観による生産、消費の文化運動やそれを支える新たな政策が育ってきています。その潮流に共通するのは、地域の伝統、風土への愛着であり、次世代につなぐ地域づくりの担い手は地域住民自身だという誇りです。そしてその底流には、グローバル化の波に対して、単にアンチテーゼとしての狭い視野での地域主義を提起するのではなく、運動としての地域連携の中から地域を見つめ直し、新たな価値を創出して、地域の総体としての競争力を高めていこうという気迫が感じられます。北海道で始まった産消協働を通じて、食・環境・空間など豊かな資源に恵まれた地方の可能性をそれぞれの住民が実感

し、そこからさまざまな挑戦が生まれてくることを期待しています。

　また、産消協働の大切な視点として、消費者の立場から地域の産業政策にかかわっていくことが挙げられます。消費者としての動きは、従来はややもすれば商品、産品に対する評価、批判という面に重きが置かれていますが、これからは生産者との協働の過程に深くかかわりながら地域が持続的に発展していくための産業、雇用を安定的に創出していく営みに積極的にかかわっていく姿勢が大切でしょう。

　地域の持つ優れた資源に磨きをかけ、地域の内なる力を育みながら、足腰の強い地域経済をつくり上げていく、そのためのもう1つの地域主体の産業政策が求められているように感じます。

4 生産と消費の接近から生まれる価値――産消協働の事例――

(1) アボネット

　ここでは、産消協働の取り組みを進めていく中で私が出合った2つの事例を紹介したいと思います。最初は、「アボネット」という北海道で開発された帽子誕生の事例です。アボネットは、寒さが厳しく、路面が凍ってしまう北海道の冬季でも安全に暮らしていくために開発されたおしゃれな帽子です。北海道で生活すると一番辛いのは、冬場のツルツル路面です。転んだ時、頭を打つのではないかと怖いものです。特に、高齢になると足腰が弱くなり、不安が増していきます。そんな時に、転倒しても頭部を保護してくれる丈夫で安全な帽子があればいいとだれもが思うはずです。でも、ごく最近まで、そういった帽子はありませんでした。それどころか、北海道で売られている帽子は、ほとんどが北海道外でデザインされ、生産されていたのです。そこで、行政や研究者などと連携し、マーケティング活動も行った上で新しい帽子を開発したのが、㈱特殊衣料という北海道の札幌にある企業です。北海道では冬場に安全な帽子がないことから何とかユーザーのニーズに応える、安全でおしゃれな帽子を作れないかとアボネットが誕生したのです。

　㈱特殊衣料は、病院や施設等のリネンサプライや病院施設の清掃などを中心に業務展開している企業ですが、福祉用品を個別に受注し生産する福祉衣料製造のメーカーでもあります。それまで生産していた医療用のヘッドギアを改良することで、新しい帽子づくりに結び付けて

いったのです。

　この取り組みは、産学官連携で始められ、札幌市立高等専門学校（現札幌市立大学）の工業デザインが専門の森田敏明助教授（当時）と㈱特殊衣料が一緒になって、札幌市がコーディネートする形で進められました。デザイン性と機能面の調整など生産者の立場からは大変な苦労があったといいますが、冬の北海道でも安全で快適に生活したいという消費者・ユーザーの期待にどこまで応えていけるかという思いで、アボネットは完成していったのです。生産者と消費者の緊張した連携ネットワークによって、北海道の人たちが冬の生活を楽しむおしゃれな帽子を作り上げていったのです。実は、このアボネットは私も愛用しており、北海道の中でも特に冬季の気温が低く、ツルツル路面は日常という釧路の生活では、とても安心で、周囲の評判もよく、満足しています。

㈱特殊衣料に展示してあるアボネット。デザインも豊富で冬だけでなく夏用の帽子もある

　その後、アボネットは北海道電力の検針員の帽子にも採用されています。当初は冬季用の注文だけでしたが、その後、夏季用の帽子の注文も入ったといいます。アボネットをかぶっていた検針員がたまたま高速道路で車が大破するほどの大きな事故を起こしたのですが、頭部の

損傷がほとんどなかったというのです。これを契機に、最初の注文から1年後に、再度大量の注文があったのです。この際には、実際にかぶっていた検針員からさまざまな意見が寄せられ、夏用のための蒸れないための改良など、品質向上に向けた新たな課題を発見することができたといいます。

　消費する立場、使う立場から注文を出して質の高い商品生産につなげていく、それを地域の人たちが使い、消費することで、地域循環が生まれる。これが産消協働です。そして、そこで大事なことは北海道の中で生産され、生まれたものが、道外、ひいては世界の市場で競争力のある商品として認められていくことです。例えば、アボネットも、北米で開催される展示会への出品要請があったと聞いています。気候条件の厳しい、冬に寒い世界中の地域で愛用される製品となれば、世界を市場にした新しい企業が北海道から育つことになります。地域の中の消費者、需要者と生産者がしっかり向き合った中から創出された商品が、世界の中で競争力のある商品として認知され、そしてグローバルな市場で競争できる企業として成長していく。これが、産消協働の狙いでもあります。

（2）北海道の学生服

　もう1つは私自身の経験です。私が産消協働の取り組みを始めて、しばらく経ってから、ある学生服メーカーの部長がわざわざ私を訪問してくれたことがあります。その要件は私に会社の広告に協力してほしいという依頼でした。国内の学生服メーカーの中で北海道に工場を持っているのは1社だけで、私を訪ねて来られたのはそのメーカーの営業担当者でした。自社だけが北海道で学生服を生産しているので、北海道の学校では当社の制服を

使ってほしい。これまでも北海道の学校教育関係者に要請をしたが、なかなか聞いてもらえないと。そんな時、新聞で産消協働という取り組みがあることを読んで、非常に心強く思った、産消協働道民会議の座長である私に、わが社の学生服を北海道で使ってもらうよう応援してほしいというのです。

　突然のことで驚いたというのが最初の感想ですが、その方のお話を聞いて、産消協働について誤解があるように感じました。そこで、時間をかけて意見交換をし、産消協働が目指す狙いをしっかりと伝えました。

　第一に、北海道で学生服を作っている会社であれば、北海道の中学生や高校生の冬場の状況、特に学校に通う時の学生の実態や意識をどのように把握し、調査しているのかという点です。本州仕様の学生服を北海道の冬場で着た時に、どういった問題点や不都合があるのか。実際、個人的には、北海道に暮らしているのならば、男子の学生服が本州と同じような詰襟的なものでは、冬場はそぐわないのではないかと感じていました。本当に北海道では詰襟が必要なのかという疑問がかねてよりあったのです。私は北海道らしい学生服があってもいいのではないかと思っています。ですから、北海道内の学生の意識やニーズを調査し、それに基づいた寒冷地ならではの特有の学生服を開発すべきではないでしょうか。だからこそ北海道内の学生服は、北海道に工場があるメーカーの制服を着てほしいのだという説得材料があれば、冬場の学校生活でも着心地などの点で当然その制服を選ぶのではないかと思います。地元地域のニーズや声に応える生産側の受けとめがあってこそ、他地域で作られたものとは違う差別化ができ、営業活動の大きな強みになるのです。それこそが産消協働の目指すところです。

その方には、地域に向き合っていくためには地域の消費者、住民のニーズをしっかり探ることが必要で、ただ北海道で生産しているから使ってほしいという主張だけでは説得力を持たないと、正直少し厳しいお話もさせていただきました。その後、その方からは、産消協働について誤解があった、北海道に拠点を持っている会社である以上、寒い地域における学生服、衣服がどうあるべきか、技術開発も含めて、前向きに取り組み、そのような提案をする努力をしていきたいという丁寧な連絡をいただきました。

産消協働を地域運動として進めていく意義は、このような消費側と生産側の相互のしっかりしたやり取りを通して、地域の産業のあり方を考えていくことです。そこには少なからぬ緊張感が伴うものです。しかし、地域の力を高めていくという思いが共有されることで、長い眼で考えると、双方の利益にかなうものといえるのです。

いずれにしても、これは自分たちの地域を保護し、地域のものをただ愛用し、守るという発想ではありません。グローバル化した経済の流れの中では、ややもすれば生産者も、消費者も外に眼が向いてしまい、足元の地域の中の消費や生産を見つめることがおろそかになってしまいます。そんなときこそ、しっかり足元を見つめることで地域の力を高めていくことができるのです。

世界的にも同じような動きが見られます。例えば、イタリアのスローフード運動。この狙いは産消協働に近いものがあるように思います。

北イタリアに出向いて、スローフードの現場を見てきたことがあります。この運動を推進しているスローフード協会の活動の理念は、①消えつつある郷土料理、質の高い食品を守ること、②質の高い素材を提供してくれる

小規模生産者を守ること、③子供たちを含めた消費者全体に、真の味覚の教育を進めることにあり、特に、①は「味の箱舟」、②は「プレシディオ（日本語で「砦」の意味、スローフード　ジャパンでは「庇護」と訳されている）」といわれ、その地域ならではの料理や食品、生産物などをしっかりと評価している取り組みがあります。スローフードは単にファーストフードに対抗するものではなく、自分たちの足元の地域を見つめ直し、その価値を高めながら、地域の力を強くし、地域経済の持続的な発展に結び付けていこうという思いが感じられます。実際、プレシディオに認定されている生産現場では、生産物の価格上昇や生産者の増加、国内のみならず世界的な認知率の上昇、出荷先の拡大、生産者の誇りの醸成といった効果が見られています。生産者らの地域への思いは人一倍強いのですが、決して、保護主義的に、自分たちの中で閉鎖的に完結するという思想ではなく、世界に冠たるものを目指している誇りを感じました。

スローフード協会からプレシディオの認定を受けているカルードの生産者ハッカートさん

　もちろん、そこにはいつのまにかグローバル化の中で、外の方ばかり向いてしまっていることや、自分たちの地域を見つめる力が失われつつあることへの反省もあると

思います。伝統ある地域の資源や食材をあらためて見つめ直すことから、新たな地域の力が生まれるという理念、信念でもあります。

地域循環、地域内連携によって地域を見つめ直し、内在的なエネルギーによって地域の経済力を高めていこうという考えは、今、世界の潮流だろうと思います。

5 お金の地域循環

（1）資金循環に向けて

　最後にお金の循環について考えていきたいと思います。カムイの活動で経験した最大の課題は資金調達であり、資金繰りでした。これは、どの企業経営においても同様だと思われますが、特にカムイのようなベンチャー企業、すなわち、さしたる実績等もなく、また担保力のない企業が地方部において資金調達の道を探っていくことは現実には大変難しいものがあります。カムイの場合は、先述したように当初は簡易な社債発行の手法により、地域内の特定の人々を対象にカムイの社債を引き受けてもらい、資金調達を行う道を選択したのですが、これは手法としては金融機関を介する間接金融ではなく、直接金融という形で資金を調達したものです。

　一般に金融には、企業が銀行などを通してお金を借りる間接金融と、自らが株式や債券などを発行して資金調達する直接金融の2つの方式があり、現在日本では約半分が直接金融による資金調達になってきているといわれています。しかし、欧米先進国に比べればまだまだ間接金融の割合が多く、特に地方部においては間接金融による銀行の果たす役割は圧倒的に大きいものがあります。カムイにおける資金調達での経験の意義は、最初の資金調達を金融機関による間接金融ではなく、直接金融に拠ったこと、さらにその直接資金をベンチャーファンド等の投資資金ではなく、地域内にある住民の貯蓄資金から金融機関を経ずに直接集めたことにあります。地域内の

貯蓄資金を銀行の力を得ずに、自らの知恵と努力で地域内の再投資に振り向けたことの意味は大きいように感じます。ここでは、地域内の資金循環という視点で、今後の産業政策にかかわる金融政策について考えていきたいと思います。

（2）銀行の役割

　銀行の活動を示す指標に預貸率があります。預金者が銀行に預けたお金と、それらが貸し出しされたお金の額との割合を示すものですが、2004年度の国内銀行と信用金庫のブロック地域別の預貸率を見ると、一番高いのは関東で81％となっており、北海道、東北、北陸、中国、四国の地方圏は6割前後の水準となっています。地方においては、地域内で所得を稼いで銀行等の金融機関に預けたお金が、地域内で投資等に振り向けられる割合が大都市圏に比べてかなり低い結果となっています。私の地元にある信用金庫における2005年度の預貸率を調べて見ると58.5％ですが、それでもその数字は北海道ではトップクラスです。地域内で集めた資金を地域内の資金需要に振り向け、地域の活性化を図っていくことは地域の金融機関にとって大きな使命であるにもかかわらず、実態は十分にその機能を果たしきれていない現状があります。

　さらに、北海道など地方においては重要な金融機関である農業協同組合など農協金融の実態を見ると、さらに預貸率が低く、多くの資金が大都市圏地域や海外に流れています。お金は人間の身体に例えると血液です。経済社会の中を血液のように循環して、血液が身体に活力を与えるのと同じように、経済社会の健全な活力をもたらす役割を担っています。しかし、地方においてはせっか

く苦労してつくり上げた血液が自分の体に十分に回されず、他人の輸血に回されているような状況です。これでは健康な身体づくり、活力ある地域経済社会をつくるのは困難です。

　この原因は何でしょうか。銀行関係の方々に聞くと、地方では「資金需要が少ない」という声が多く返ってきます。ただ、そこはもう少し掘り下げて考えてみる必要があるように思います。カムイの経験では、資金需要の声を地域の中から挙げたにもかかわらず、当初は金融機関が十分それに応えられなかったという経過がありました。資金需要というのは、お金を借りて新規の投資を行うということであり、それにはもちろん周到な事業計画と事業者の決断が必要ですが、重要なことは金融機関側の支援姿勢がなければ投資は実現しないということです。実は、資金需要を創出する要因として大きいのは金融機関の姿勢であり、資金需要が少ないということは、裏を返せば積極的に地域内に資金投資する金融側の姿勢が弱いということでもあります。ここで注意しなければいけないのは、私は決して金融機関を非難しているのではないことです。そういう金融姿勢をとらざるを得ない仕組み、わが国の金融政策がその背景にあり、地方の金融機関はやむを得ずそうしているということなのです。

　わが国ではバブル経済下での放漫な銀行経営による破綻処理のために、自己資本比率を高める厳しい金融政策を進めてきており、その対象は都市銀行、地方銀行から地方の信用金庫、信用組合にまで及んでいます。その結果として、地方においては多少のリスクがあっても新規投資したいという事業への挑戦の芽が摘み取られているのです。もちろん安定した日本の金融システムを再生していくという大きな政策目的を遂行していくためには重

要な政策でしょうが、地方においては地域に密着しながら地元の中小企業の育成発展に努めるという金融機関の営みがあり、そこに全国一律の金融政策を推し進めていくことによって多くのひずみを生んでいることになります。これは中央で金融政策を進めている政策担当者には分からない実態といえるでしょう。しかし、現実にはバブル破綻による公的資金投入以降の金融政策の展開によって、金融機関は立ち直っても地方の経済が活性化しない、資金需要がなかなか表面化されない現実があります。

（3）信頼関係の構築

　2007年9月14日付日本経済新聞に中小企業向け地域密着のあり方についての投稿記事が掲載されていました。政府系金融機関の方が書いたものですが、金融機関の立場から地域に密着した金融のあり方が述べられていて、カムイの経験からも大変興味深い内容でした。その趣旨は、「中小企業は、機動的な経営改善への取り組みが比較的容易で、業績復元力も大きい面もある。したがって地域密着型金融機関を志向する金融機関は、業況悪化という表面的な財務内容だけでなく、事業モデルを見極め、将来の事業見通しを中長期的に判断する視点を持ち、企業の事業再生に関与することが重要である」と金融機関が中長期的観点を重視することが大事だと述べています。さらに、最も大事なことは、ゲーム理論の観点からの研究結果に基づいて、長期継続的な取り引きで信頼関係を構築することだと指摘しています。企業と金融機関の信頼関係を構築していくためには、従来のような不動産担保による融資ではなかなか相互信頼の醸成にはつながらない。しかし、ABL（事業のライフサイクルに着目して、在庫・売掛金・流動預金を一体として担保とする

もの）では、日常的に質の高いコミュニケーション・情報交換が促進されるために、より強固な信頼関係が構築でき、取り引き、業績面で好循環が生まれるという指摘です。これはお金の地域内循環を高めていく上でも大変重要なポイントだと思います。また、これは地域における金融機関と借り手の中小企業との関係について述べたものですが、「中長期的な観点で信頼関係を構築していく」ことは、これからの地域の持続的な発展を目指していく上で、すべての地域内の関係に当てはまる重要なテーマだと思います。例えば、地域内の生産者と消費者、廃棄する側とそれを資源として使う側、働きたい人と求人する企業、静脈産業と動脈産業など、それらの信頼関係が高まることによって地域内の循環は進み、地域の力は着実に高まっていくと思います。しかしながら現実にはその関係は脆弱な場合が多いようです。しかも先に述べたようにグローバル化の流れの中で足元の地域に向き合うことが次第に少なくなって、相互関係も希薄になってきているという現実があります。経済メカニズムは大切ですが、1回限りの取り引きか、信頼に裏打ちされた長期的な取り引きかを考えると、同じ経済行為であっても、地域社会の安定力という面では大きな違いがあります。地域の力を高めていくためには、地域内の関係づくりに長期的安定的な信頼関係が組み込まれていくことが大切です。地域内における信頼関係を少しでも高めていく仕組みづくりというものが、これからの地域政策の大きなテーマであるように感じています。

（4）お金が循環する仕組みづくりへ

これからは地方が主体的にお金を地域循環させていく仕組みをつくり上げること、あるいはそのシステムを考

えていくことが地域産業政策や持続的なまちづくり政策にとっても非常に重要なテーマとなってくるでしょう。今までも地域通貨などにより資金循環に向けた取り組みはありましたが、必ずしも地域の産業発展を目指す政策との連動はなかったように感じます。

　日本の金融を支えているのは、家計の資産、一人ひとりの貯蓄です。実は金融の主役はわれわれ国民一人ひとりなのです。わが国の家計資産の構成を見ると（2006年末）、総計1,541兆円のうち、現金・預金は56％。米国と比較して見ると、米国では現金・預金は約13％。日本は依然として、現金・預金から銀行を通じた間接金融が中心であることが分かります。これからは、お金の出し手がその行き先を直接選ぶ仕組みを地域政策の中に取り入れていく必要があるように思います。それは投資ファンドのように、短期的な利益を求めて投機に動く株式投資等の直接金融を目指すものではありません。地域の安定的な発展を支える、血液としてのお金の健全な流れを目指して、本来の金融の主役である住民ひとり一人がその資金の流れを確認できる仕組みです。カムイが縁故私募債によって投資資金の一部を地域から調達できたのは、縁故私募債を購入してくれた人たちが、どこに使われるか分からない銀行に預けるよりも、自力で雇用と産業の創出を目指す地元のベンチャーに自分の資金を使ってほしいという思いがあったからです。地域金融においても今後はそのような願いや思いを受けとめる方策を考えていくことが必要でしょうし、金融システムでできない分野については違った道を探すことも必要です。最近では、コミュニティファンドや市民債など、新たな動きも見られます。コミュニティファンドが設立されてきている背景には、積極的に自分のお金を社会に役立てられないか、

自分で事業を起こす事はできないけれど、そういった志を持っている人には是非自分のお金を使って応援したいという、地域活性化や人材育成に自分のお金を活かそうとする人が着実に増えてきているという流れがあります。地域の中でしっかりと使途が確認できるお金の流れを仕組みとしてつくり上げる挑戦がこれからは重要になってくるでしょう。

おわりに

　本書刊行の契機になった、自治体議会政策学会の研修会が札幌市で開催されたのは、2007年5月でした。私はその2日間にわたる研修会の最終講義で「地域の自立的経済発展と政策課題　—地方発ベンチャー企業の経験から—」というテーマで全国から参加された自治体議会議員の方々の前でお話をしました。講義では、経済政策、産業政策はどうあるべきかなどということにはほとんど触れず、ほとんどカムイの実践的な経験をお伝えしました。事例紹介による講義手法というのは実はなかなか難しく、ただ事例の興味に惹かれるだけの結果に終わってしまうこともあり、いささか不安だったのですが、講義後、参加者の一人から「地方分権に取り組んでいく意義が初めて分かったような気がした」という感想をいただきました。その参加者は、地方部ではなく大都市圏近郊の市議会議員の方でしたが、これまで地方分権議論は数多く聞いてきたが理念は分かっても正直実感できるものはなかったというのです。その時に私はカムイの経験を伝えることで、これからの地域の産業政策のあり方、地方分権について考えてもらえるのだという手応えを感じました。それとともに、体験してきたことを体系的に、建設的に伝えていくことの大切さを強く感じ、その思いで本書の執筆に当たりました。

　私は長年東京で行政官として地域開発政策の仕事にかかわってきましたが、8年前に活動の軸足を釧路に置き、研究者という立場で地域を見つめるようになって、その

見方もかなり変わりました。中央の思考や仕組みが想像以上に地域の中に浸透してきていることも感じました。次第に地域の人たちが自分たちの足元の地域を見つめる力を失ってきているという恐さや弱さも感じています。地域の立場で、座標軸の中心を自らの地域において思考していくことが、あらためて必要でないか。またその考える力を養っていくことが地域の力を高めていくものだと思います。このような私の考え方に最も影響を与えたのは実はカムイの経験でした。カムイは私にとっても地域のことを学ぶ貴重な教師でもありました。

　環境問題をめぐるさまざまな動き、変化は、20世紀型の大量生産、消費システムが限界にきたことによる、新たな経済システムの模索の動きでもあります。地域としてこの潮流をどのように受けとめ、地域の成長に結び付けていくのか。そのためには、あらためて足元の地域資源の価値を見つめ直し、そこに円滑な循環の流れをつくり上げ、それを住民、コミュニティ、市民団体、民間、行政相互の連携と高い信頼関係で支えていくことが大切ではないか。そのような思いでこれからも地方での活動に取り組んでいきたいと思っています。

参考資料

『北海道再生のシナリオⅡ』((社)北海道雇用経済研究機構、2006年1月)

『地方における大学発ベンチャーの取り組み』((社)北海道雇用経済研究機構平成14年度特定研究「北海道自立のために」、2003年6月)

『環境産業の可能性』(「モーリー」(財)北海道新聞野生生物基金、2004年6月No10)

『もうひとつの産業政策―産消協働―』(国土交通省、「国土交通」2005年10月号Vol.58)

『経済教室　長期継続で信頼関係築け』(清水謙之著、日本経済新聞2007年9月14日)

『木材・プラスチック再生複合材』(木材・プラスチック再生複合材普及部会)

『マルシェノルド　第16号　北海道発　産消協働』((財)北海道開発協会、2006年3月)

『マルシェノルド　第9号　北のものづくり』((財)北海道開発協会、2002年9月)

『ZERO EMISSION　―豊かな藻場再生に向けて―』(地域ゼロエミッション研究会、平成16年度新産業創出コーディネート活動モデル事業実施報告書)

『環境と共生する地域産業の創造をめざして』(しべちゃゼロエミッション21研究会、平成13年度新規成長産業連携支援事業報告書)

● 著者紹介

小磯　修二（こいそ　しゅうじ）

　釧路公立大学教授、地域経済研究センター長。1972年京都大学法学部卒業、北海道開発庁、国土庁（現国土交通省）等を経て、1999年6月より現職。専門は地域開発政策、地域経済。地域政策研究の分野において、内外の研究者、行政官、民間人を機動的に集めながら実践的な地域政策研究プロジェクトを推進。また、中央アジア地域等で地域開発分野での国際貢献活動にも従事。公職は国土審議会専門委員、北海道観光審議会会長、北海道市町村合併推進審議会会長、北海道総合開発委員会委員、釧路川流域委員会委員長他多数。最近の主な著書に『戦後北海道開発の軌跡～対談と年表でふりかえる開発政策』（共著、2007）など。

● 釧路公立大学地域経済研究センターホームページ
http://www.kushiro-pu.ac.jp/center/index.html

コパ・ブックス発刊にあたって

　いま、どれだけの日本人が良識をもっているのであろうか。日本の国の運営に責任のある政治家の世界をみると、新聞などでは、しばしば良識のかけらもないような政治家の行動が報道されている。こうした政治家が選挙で確実に落選するというのであれば、まだしも救いはある。しかし、むしろ、このような政治家こそ選挙に強いというのが現実のようである。要するに、有権者である国民も良識をもっているとは言い難い。

　行政の世界をみても、真面目に仕事に従事している行政マンが多いとしても、そのほとんどはマニュアル通りに仕事をしているだけなのではないかと感じられる。何のために仕事をしているのか、誰のためなのか、その仕事が税金をつかってする必要があるのか、もっと別の方法で合理的にできないのか、等々を考え、仕事の仕方を改良しながら仕事をしている行政マンはほとんどいないのではなかろうか。これでは、とても良識をもっているとはいえまい。

　行政の顧客である国民も、何か困った事態が発生すると、行政にその責任を押しつけ解決を迫る傾向が強い。たとえば、洪水多発地域だと分かっている場所に家を建てても、現実に水がつけば、行政の怠慢ということで救済を訴えるのが普通である。これで、良識があるといえるのであろうか。

　この結果、行政は国民の生活全般に干渉しなければならなくなり、そのために法外な借財を抱えるようになっているが、国民は、国や地方自治体がどれだけ借財を重ねても全くといってよいほど無頓着である。政治家や行政マンもこうした国民に注意を喚起するという行動はほとんどしていない。これでは、日本の将来はないというべきである。

　日本が健全な国に立ち返るためには、政治家や行政マンが、さらには、国民が良識ある行動をしなければならない。良識ある行動、すなわち、優れた見識のもとに健全な判断をしていくことが必要である。良識を身につけるためには、状況に応じて理性ある討論をし、お互いに理性で納得していくことが基本となろう。

　自治体議会政策学会はこのような認識のもとに、理性ある討論の素材を提供しようと考え、今回、コパ・ブックスのシリーズを刊行することにした。COPAとは自治体議会政策学会の英略称である。

　良識を涵養するにあたって、このコパ・ブックスを役立ててもらえれば幸いである。

自治体議会政策学会　会長　竹下　譲

COPABOOKS
自治体議会政策学会叢書
地域自立の産業政策
―地方発ベンチャー・カムイの挑戦―

発行日	2007年11月21日
著 者	小磯 修二
編集協力	関口麻奈美
監 修	自治体議会政策学会©
発行人	片岡 幸三
印刷所	今井印刷株式会社
発行所	イマジン出版株式会社

〒112-0013　東京都文京区音羽1-5-8
電話　03-3942-2520　FAX　03-3942-2623
http://www.imagine-j.co.jp/

ISBN978-4-87299-463-6　C2031　¥1000
乱丁・落丁の場合は小社にてお取替えいたします。